人気ブロガー・横着じいさんの

かんたん水耕栽培 決定版！

伊藤 龍三

主婦と生活社

横着じいさんの
「かんたん水耕栽培」

最初、土を使った家庭菜園にトライしたわたしが、失敗して始めたのが土を使わない水耕栽培です。

順調に育つ野菜に感激し、いつしか水耕栽培の世界に夢中になっていきました。

わたしは、本来、横着な性格をしています。

そのため、もっと効率よく、もっと楽に栽培できる方法はないかと試行錯誤した結果、たどりついたのが、この本でご紹介する栽培方法です。

最初に、水耕栽培層や水耕栽培装置をつくってしまえば（ザルやカゴを使ったかんたんなものですが）、あとは液肥を切らさないように毎日チェックするだけ。

だれにでもでき、ほとんど失敗することがありません。

植物を育てる楽しさと、野菜をたくさん収穫できる満足感を、ぜひ、みなさまに知っていただきたいと思っています。

かんたん水耕栽培の特徴

1

日当りのいいB5サイズのスペースがあればできます。

2

土を使いません。葉もの野菜では、バーミキュライトやヤシ殻繊維など、土に代わる培地さえも使わない栽培法です。

3

新鮮！　しかも、無農薬の野菜が収穫できます。

4

栽培に使うのは100円ショップで購入できる、水切りトレイや水切りネットなどのグッズばかり。安価に野菜が手に入ります。

5

液肥を与えるだけの放任栽培。野菜を育てるための、細かいテクニックを必要としません。

さあ、さっそく始めましょう！

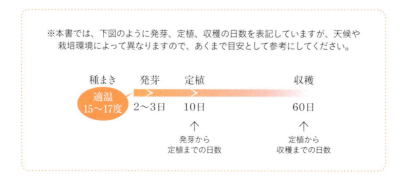

※本書では、下図のように発芽、定植、収穫の日数を表記していますが、天候や栽培環境によって異なりますので、あくまで目安として参考にしてください。

種まき　　発芽　　定植　　　　　　収穫
適温
15〜17度　2〜3日　10日　　　　　　60日
　　　　　　　　↑　　　　　　　　↑
　　　　　　発芽から　　　　　定植から
　　　　　　定植までの日数　　収穫までの日数

ひと株から大振りの葉がおよそ100枚！

チマサンチュで
野菜不足を解消する

水耕栽培初心者にも育てやすいのがチマサンチュというレタス。
わたしもごく初期の頃から育てています。春〜秋期は、およそ2か月で、
冬期は2か月半で初収穫！　その後は毎日のように収穫しても、
中心から新鮮な葉がどんどん出てきます。収穫は3か月以上続きます。

8月16日

根

種をまく

8月15日にスポンジに種まき（P.22参照）。翌日には白い根が出て、スポンジに刺さるように潜り込んでいきます。スポンジには、毎日水やりを。

根が出てから3〜4日で双葉を確認。

8月27日

定植する

スポンジに種をまいてから約2週間後には、双葉が大きくなります。そうなったらスポンジ苗を、水切りトレイを加工した水耕栽培層に移し、液肥を入れます（これを定植という。P.31参照）。ここでは水耕栽培層を、ベランダの自然光と屋内の電照栽培というふたつの環境で、同時進行で育てます。

9月29日

電照栽培で育てる

夜間も照明を当てる電照栽培（P.48参照）にすると、半分〜⅔の期間で苗が生長します。今回は、種をまいてからおよそ35日後に1回目、44日後に2回目の収穫。

44日後、2回目の収穫。6株の葉の外側から少しずつ収穫していきます。

一方、自然光で育てているベランダのチマサンチュは、まだこの大きさ。

10月4日

生長を見守る

液肥を補充しながら1週間ほど経つと、自然光を浴びているベランダのチマサンチュの葉も大きくなりました。ベランダなど屋外で育てる時は、ビニールハウスへ移動します。葉数も多く、猛暑の中、すごい生命力です。

10月8日

時にはアクシデントも

葉の生長とともに液肥の消費量が増してきます。朝、液肥を補充しても、日差しの強さに液肥が追いつかず、へたる時も。そんな時はすぐに液肥を補充します。

10月9日

復活！

へたっても液肥を補充すれば、2～3時間くらいで元気を取り戻し、一晩経てば、元に戻ります。

10月13日

自然光レタスを収穫する

夏の盛りの種まきからおよそ2か月、秋のレタスの収穫です。外側の大きくなった葉から収穫します。電照栽培を使わない時の、通常の収穫ペースです。

大振りの葉が収穫できました。

10月26日

収穫を続ける

外側から収穫してもどんどん増殖、食べきれません。夏の強い光に耐えたせいか、元気に生長しています。

11月12日

ビニールハウスの最上段がチマサンチュ。天井に届くほどの大きさで、丈も50cm以上。ここから収穫が3か月以上続きます。

さらに、収穫を続ける

ビニールハウスから出し、ザルを持ち上げると根がびっしり生えています。根にストレスを与えてはいけないと園芸書には書かれていますが、その定説をくつがえすほどの生長ぶり。

| **栽培メモ** | 外葉から掻き取って収穫するところから、日本では古くから「掻きチシャ」と呼ばれていたそう。ほとんど失敗なく育ち、水耕栽培に向いているレタスです。 |
| **栄養メモ** | β－カロテン、ビタミンBやCだけでなく、カルシウムやカリウムが豊富な緑黄色野菜。感染症を防ぎ、血管をきれいに。常食すれば、健康維持に役立ちます。 |

種まき	発芽	定植		収穫
適温 15～20度	2～3日	10日		45日

いつでもフレッシュ、そして山盛り！

パクチー（コリアンダー）で香りのジャングルをつくる

いったん発芽すれば、どんな栽培法でもジャングル状態に。
フレッシュなパクチーを毎日食べられる幸せは、パクチー好きにはたまらないでしょう。
年間を通しての水耕栽培が可能で、わたしも年5〜6回つくる時があります。
いろいろな栽培方法を試しましたが、どれもうまくいきました。

2月1日

最初に連結ポットを使った栽培法(P.36 参照)を紹介します。

種をまく

真冬にスポンジに種をまきました(P.22 参照)。通常はスポンジ1個に2粒まきますが、種が古かったので4粒ずつまくことに。パクチーはレタス類と比べて発芽が遅く、発芽率も悪いようです。9日目に発芽を確認。

Memo

1年以上経って古くなった種は発芽率が悪くなります。その場合は、ひとつのスポンジに4粒まくといいでしょう。

2月9日

連結ポットに スポンジ苗を定植する

双葉になるのを待たずに定植することに。連結ポットの裏を加工し（P.37参照）、ザルに水切りネットとダスター（P.44参照）を敷いて、その上に連結ポットを置きます。

スポンジ苗を 入れていく

写真のように、スポンジ苗を連結ポットのマスに斜めに入れていき、培地で隙間を埋め、スポンジ苗の上にも培地を被せます。トレイに液肥を入れます。

ヤシ殻繊維とミズゴケの混合培地で覆います。

Memo スポンジ苗を斜めに置くと、苗が根を自由に張りやすくなります。また、混合培地が入りやすくなります。

2月14日

双葉になるのを 確認する

連結ポットに移して5日でしっかりした双葉になりました。勢いがあって、パクチーのジャングル畑が期待できます。

それから1週間ほどで本葉が出ました。冬なのにすごい生長ぶり。

3月21日

本葉が出て約1か月で立派なパクチーに育ちました。少しずつ収穫しながら育てます。

3〜4日収穫しないと、葉数が増加。指と比べると葉の大きさがわかります。

生長を見守る

収穫する

収穫しないと、パクチーはジャングル状態に。そのまま、収穫しながらの栽培を続けます。

パクチーを大量に収穫！

まだまだ収穫できますが、ほかの野菜を栽培するスペースをあけるために、4月18日に撤収。冷蔵庫の野菜室に保存します。

パクチーは発芽さえすれば、たくましく生長します。
次に、より簡単なお茶パック苗を容器に入れて育てる栽培法（P.25 参照）を紹介します。

お茶パックに移植し、液肥に浸す

お茶パック(P.25 参照)ひとつにスポンジ苗ふたつを入れます。容器に水切りネットを敷き、ダスターを重ね、お茶パックを6個並べます。液肥を入れます。

容器が小さくても、お茶パックを使うと、たくさんの収穫が期待できます。

収穫しながら育てる

パクチーは強いので、ぐんぐん育っていきます。定植からおよそ1か月で、こちらもジャングル状態に。ここから、およそ2か月にわたってフレッシュなパクチーを毎日楽しめます。

栽培メモ	種の殻が硬く、発芽までに時間がかかります。しかし、いったん発芽してしまえば、どんどん生長。水耕栽培で育てやすいハーブのひとつです。

栄養メモ	抗酸化力に優れていて、老廃物や有害金属を体の中から排出するデトックス効果も知られています。ライスペーパーで巻いて食べるとおいしい。

種まき	発芽・定植		収穫
適温17〜25度	10日		40日

いつもは捨てる**メロン**の種で水耕栽培実験

食べた後のメロンの種から、メロンはできるのでしょうか？
1年前の夏にお土産でいただいたメロンから種を採取、
保存しておいたものを育ててみました。
遊び心でチャレンジしたメロン水耕栽培です。

種をまく

連結ポットに移植する

春先の4月19日。きゅうりの種と一緒に6粒のメロンの種をスポンジにまきました（P.22参照）。5日目になってメロンの発芽を確認。きゅうりの芽はすでに淡い緑になっています。

そのまま双葉に育ったので、種まきから2週間ちょっとで連結ポットに移植（P.36参照）。液肥トレイに置き、その後は1cm深さの液肥量を保ちます。

5月14日

元気のいい苗を2株選び、水切りネットを底に敷いた容器に苗をポットごと移し替えました。

生長を見守る

6月8日

定植する

そのまま液肥を補充しながら育てると、6月7日に花が咲いているのを発見。翌日、カゴ式水耕栽培装置 (P.39) に定植。

7月17日

メロンが野球ボールほどの大きさになる

ついにメロンの実がついて、野球ボールほどの大きさに。下の方の葉が、うどん粉病にかかってしまいましたが、液肥を絶やさなかったところ、ツルが上へと伸び、新しい葉がどんどん生えてきました。

上へと伸びていくツル。この勢いが救い。

メロンらしくなってくる

7月23日

7月26日

2株めのメロンも生長中

スポンジに種をまいて3か月ちょっと。ついに、メロン独特の縦と横の模様が出てきました。

別の株のメロンも大きくなってきました。生長するテンポが早く、兄貴分のメロンを追い越しそうです。この後、大きい実に栄養が行き渡るよう、小さい実は摘果しました。

8月4日

収穫、ぬか漬けに

先輩メロンは、上のほうの葉は元気ですが、うどん粉病で下のほうの茎が枯れてしまいました。実が未成熟のため、メロンの味はするものの甘みがあまりありません。そこで、ぬか漬けに。メロン味のお漬物は、なかなかおいしいものです。後ろはきゅうりのぬか漬け。

8月8日

4月24日に始まったメロン栽培も、収穫時期が近づいてきました。カゴ式水耕栽培装置でのメロン栽培、成功です。

立派なメロンができた

8月15日

収穫する

自己流、そして、うどんこ病と戦いながらの栽培でした。メロン独特の模様がつき、小粒ながらマスクメロンらしくなったので収穫しました。

切る時期を誤る

8月26日

8月15日に収穫し、熟してメロンの香りが出るのを待っていましたが、待ちきれずに二つに切ってしまいました。中身が未成熟で、やはり、市販のものと比べて甘みが薄い。もっと待てばよかったかもしれません。

こちらも漬物にしておいしくいただきました。

栽培メモ
最初は、種から高価なマスクメロンができるかどうか半信半疑でした。何事にもチャレンジするのが水耕栽培の醍醐味だと再確認。

栄養メモ
カリウムを多く含むので、高血圧やむくみに効果的。ビタミンB類が多いので、夏バテ防止にも役立ちます。見かけと違い、実は低カロリーの果物です。

種まき	発芽	定植	収穫
適温25〜30度	5日	45日	55日

辛さマニアだったらこのふたつ

ハバネロと島とうがらしを大量収穫しよう!

ハバネロは、前の年に育てたハバネロから採取した種、
島とうがらしは、わたしのブログの読者の方(宮古島在住)から送ってもらった
種からの栽培です。収穫はハバネロ150〜200個、島とうがらしはそれ以上、
数えきれないほどの数になりました。

種をまく

ロックウールに種まき。ロック
ウールを水道水で十分湿らせ、
串で凹みをつくって、ハバネロ
と島とうがらしの種をその凹み
に置きます。双葉が大きくなっ
たら定植。この時は、定植まで3
か月かかりました。

ロックウールは人造の鉱物
繊維。水耕栽培での種まき
によく使われます。

13

定植する

ハバネロ、島とうがらしとも元気がいい苗をそれぞれ1株育てることに。左がハバネロ、右が島とうがらしです。市販の園芸用ポットの底周辺にたくさんの穴を開け、水切りネットを敷き、バーミキュライトを入れ、苗を定植。

生長を見守る

液肥を補充しながら、およそ1か月半。左のハバネロは、葉も脇芽も増え、蕾も見えてきました。右の島とうがらしは、まだ蕾が見えません。

ハバネロの開花を確認

7月上旬、ハバネロに花が咲き、それから2週間でたくさんの実をつけ始めました。

金網のゴミ箱に入れて支える

ハバネロの葉がどんどん茂り、実も次々大きくなって、倒れやすくなりました。金網のゴミ箱の中に栽培層ごと入れて、安定させることに。

島とうがらしの開花を確認

島とうがらしに花が咲いたのは8月上旬。2週間で実が確認できるようになりました。

花

島とうがらしの花。可憐です。

島とうがらしは、夏の光を浴びてぐんぐん生長していきます。丈が80cmと、ハバネロの倍になりました。レンガを重しにして固定したプランターホルダーで支えています。

プランターホルダーで支える

8月28日

ハバネロの初収穫は8月28日。ハバネロを収穫する時は、両手をゴム手袋で完全防御。きれいな色ですが、実は、わたしは食したことはありません。辛さが強烈すぎるのです。欲しい人に配りながら12月まで収穫しました。

ハバネロを収穫する

オレンジ色がまぶしい辛さの"暴君"ハバネロ。

9月19日

島とうがらしを収穫する

島とうがらしの初収穫は9月19日。ちぎってなめると鷹の爪より強い辛さを感じます。泡盛に漬け込んでコーレーグスという調味料にし、ラーメンや野菜炒めにかけて楽しみました。ハバネロと違い、素手で収穫できます。

10月14日

島とうがらし 2回目の収穫

島とうがらしの2回目の収穫。小ぶりながら、ピリッと刺激的な味。その後も大量収穫が続き、年あけに撤収しました。

12月初旬

種を採る

ハバネロの種を採取すると、翌年も種から栽培できます。しかし、ご用心。手袋とマスク着用で作業しないと危険です。使った手袋やナイフを洗う時も、強烈なガスにやられないよう手袋とマスクを。種を採って洗い、乾かす過程は、84ページを参照してください。

栽培メモ	市販の苗から始めたハバネロ水耕栽培。種を採取すれば、翌年も育てられます。ハバネロも島とうがらしも、長い期間にわたって大量収穫できます。

栄養メモ	とうがらしの主な有効成分は、辛さのもとになっているカプサイシン。発汗を促し、血流をよくしてくれます。ダイエットにもいいですが、大量摂取は禁物。

	種まき	発芽	定植		収穫	
適温 15〜17度		2〜3日	90日		100日	←ハバネロ
		2〜3日	90日		120日	←島とうがらし

高級食材のズイキをゲット

里いも水耕栽培で
サバイバル保存食を

里いもは生命力が強く、放っておいてもどんどん生長します。
いもだけでなく、高級料亭でも使われる
希少なズイキ（いもがら）が大量に採れ、保存食にぴったり。

液肥に浸ける

ホームセンターで購入した里いもの苗。
紅ずいきという名前ですが、いわゆる八頭
で、アクのないズイキができます。芽が出
ていたので、そのまま液肥に浸します。

5月31日

定植する

葉が一枚出たところで
カゴ式水耕栽培装置
（P.39参照）に定植（写真
は定植して1週間後）。
直径20cm、高さ12cm
のカゴを使っています。
培地は、バーミキュライ
トとヤシ殻繊維の混合。

5月16日

7月5日

自動給水ポットを置く

定植後約1か月で葉がここまで大きくなり、茎の数も増えました。液肥の消費が激しくなり、トレイの中がすぐに空になるため、自動給水ボトル（P.41参照）を設置。

Memo

朝、トレイにいっぱいの液肥を入れ、自動給水ボトルにもいっぱいの液肥を入れます。

7月21日

重しをする

定植後2か月経つ頃には上部が重くなり、弱い風でも倒れるように。レンガ2個とコンクリートブロック1個をトレイのまわりに置いて安定させます。

9月8日

収穫時期を見計らう

盛夏を過ぎて葉が黄色くなってきたら収穫時期。葉が枯れ始めたので少し早いものの収穫することに。

小さなカゴのままここまで育ちました。カゴに深さがなかったせいか里いもは思ったほど採れませんでしたが、食用にできる葉柄であるズイキを大量に収穫。5〜7日乾燥させれば長期間の保存が可能。

収穫する

収穫直前、ズイキでカゴがはち切れそうになっていました。

栽培メモ
生長が早く、その分、液肥の消費量が強烈です。朝と夕方の2回、液肥が足りているかチェックしましょう。

栄養メモ
骨によいカルシウムやマンガンが豊富。不溶性食物繊維が多く、腸をきれいにするデトックス効果があります。アントシアニンの抗酸化作用も見逃せません。

発芽適温　定植　　　　　　　収穫

適温20〜30度

115日

人気ブロガー・横着じいさんの
「かんたん水耕栽培」決定版！

CONTENTS

2章　毎朝、採れたて！　葉もの野菜

3章　花蕾、根菜。いろいろな野菜や果物を水耕栽培で

コラム

第 1 章

かんたん水耕栽培の基本

1

スポンジに種をまいて、発芽させる

わたしの水耕栽培法では、まず最初に、スポンジに好みの種をまきます。すると2日ほどで発芽し、2週間ほどで定植しやすいスポンジ苗ができます。軽石を使った水耕栽培に挑戦して以来、さまざまな方法を試してきましたが、このやり方がいちばん適していると思います。

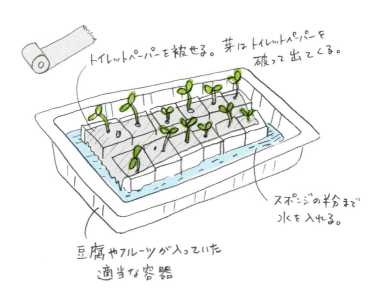

トイレットペーパーを被せる。芽はトイレットペーパーを破って出てくる。

スポンジの半分まで水を入れる。

豆腐やフルーツが入っていた適当な容器

スポンジ苗をつくるのに必要なもの

◎野菜の種　◎スポンジ　◎容器　◎竹串　◎トイレットペーパー

1 スポンジを切る

食器洗い用のスポンジのネット部分を取り除き、1.5cm角にカット。スポンジたわしのたわし部分を除いたスポンジをカットしてもよいでしょう。ただし、メラミンスポンジは硬いので使えません。

スポンジ部分が種をまく培地になります。

2 水分を保つための容器を用意する

ここでは、豆腐が入っていた容器を発芽用の容器にしています。弁当箱や密閉容器なども使えます。

MEMO

種まき用のスポンジは、市販品（2.5cm角）もあるので、そちらを使ってもいいでしょう。

3 スポンジから空気を抜く

容器にスポンジを入れ、上から水道水を入れます。スポンジを何度も押して、中の空気を完全に近いほど抜き、最後に、スポンジの半分くらいの高さまで水を入れます。

4 種をまく

ひとつのスポンジに用意した種を2粒ずつまきます。竹串の尖っていない方の先端を水に浸けてから種にくっつけ、ひと粒ずつスポンジに置いていきます。こうすれば小さい種をうまくまけます。

スポンジに種を置く時は、触れる程度のやさしさで。

5　トイレットペーパーを被せる

スポンジ全体の表面をカバーできる大きさにトイレットペーパーを切り、上から被せます。上から水をたらしてトイレットペーパーの表面を湿らせ、発芽するまで日が当たらないところに置きます。

スポイトなどで水を補給し、表面がいつも湿っている状態を保ちます。

6　双葉が育つのを待つ

芽が出たら明るい場所に移し、スポンジの半分の高さに水位を保ちます。双葉になったら太陽光に当てます。ほとんどの野菜が、およそ2週間で定植可能な苗に育ちます。

スポンジ苗は、さまざまな栽培法に応用できます

スポンジ苗	お茶パック栽培	軍艦巻き栽培	連結ポット栽培	カゴ式水耕栽培
	P25〜	P32〜	P36〜	P39〜

スポンジ苗はふたつに分けることができます

発芽率が悪いと苗が足りなくなることがあります。そんな場合は、2株ともうまく育ったスポンジを有効利用しましょう。スポンジを半分にし、2株にするのです。発芽しなかったスポンジを2等分し、株分けしたスポンジにくっつけて、苗を安定させます。

葉もの野菜にぴったり
お茶パック栽培法

種が発芽して双葉が大きくなったら、水耕栽培層に
定植します。ここでは、わたしがメインに使ってい
るお茶パック栽培法を紹介します。カップに引っ掛
けるタイプのコーヒーパックから思いついたやり方
で、葉もの野菜に向いています。培地をまったく使
わないので、部屋の中で栽培しても汚れません。失
敗も少なく、たくさんの収穫が期待できます。

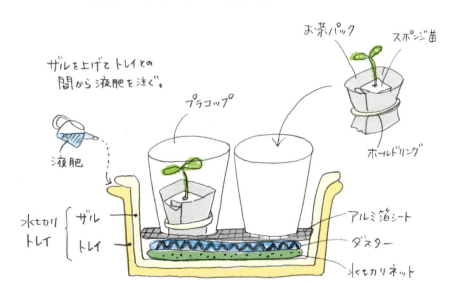

ザルを上げてトレイとの
間から液肥を注ぐ。

液肥

プラコップ

お茶パック

スポンジ苗

ホールドリング

水切り { ザル
トレイ { トレイ

アルミ箔シート

ダスター

水切りネット

水耕栽培層をつくるために必要なもの

◎双葉になったスポンジ苗　◎液体肥料（ハイポニカ）
◎水切りトレイ（ザルとトレイが一対になったもの、B5サイズ）◎水切りネット
◎ダスター(不織布でできたふきん)　◎プラコップ　◎アルミ箔シート　◎お茶パック

① 液肥をつくる

液肥はハイポニカを薄めてつくります。レタス、根野菜、トマト、豆類と、
野菜の種類が変わっても、すべてこの液肥があれば栽培できます。

1 ハイポニカを
用意する

ハイポニカはA液とB液のセットになっていて、500倍に薄めて使います。定植から収穫直前まで、この比率は変わりません。

2 希釈する

容器に500mlの水を入れ、計量スプーンを使ってA液1mlを加えます。次にB液1mlを加え、全体を撹拌します。これでハイポニカ肥料の500倍希釈液ができます。

MEMO

2、3日で使い切る量をつくります。できた液肥は直射日光が当たると藻が発生するので、冷暗所（台所の片隅など）で保管しましょう。

② 水耕栽培層をつくる

水耕栽培層は、水切りトレイ、水切りネット、ダスター、プラコップ、アルミ箔シートでできています。

1 液肥トレイをつくる

水切りトレイ、水切りネット2枚、ダスターを用意します。水切りネット2枚をふたつ折りにして8層にします。それをザルに敷き、その上にザルの大きさに合わせて切ったダスターを重ねて敷きます。

MEMO

水切りネットは培地の代わりになります。ダスターは、やや傾斜した場所に水耕栽培層を置いても、まんべんなく液肥を供給できるようにするためです。

2 遮光板をつくる

太陽光を遮り、藻の発生を予防する遮光板をつくります。ザルの底の大きさに合わせてアルミ箔シートを切ります。

アルミ箔シートは、裏に薄いスポンジがついているものを。模様が碁盤目になっていると切りやすい。

3 プラコップを置く位置を決める

2で切り取ったアルミ箔シートをスポンジ側を上にして置きます。その上にザルを乗せてぴったりと合わせ、プラコップを置く位置を決めます。

MEMO

スポンジ側を上にするのは、のちにマジックペンで円を描く時、作業しやすいからです。

4 ザルの隙間からペンで印をつける

プラコップをひとつどかします。プラコップが置いてあった中心点に、先が細いマジックペンを使ってザルの隙間ごしに（アルミ箔シート上に）印をつけます。ほかのプラコップにも同じ作業を。

5 円を描く

プラコップとザルを除き、アルミ箔シートにつけた印を中心に、プラコップの底と同じ大きさの円を、マジックペンで描きます。

6 プラコップ用の穴を開ける

27ページの5で描いた円をハサミで切り取ります。6つの穴があいたら、アルミ箔シートを縦半分に切り、1のトレイに置いて位置とサイズを確認します。

7 液肥を入れる

ダスターが浸るまで、液肥を注ぎ入れます。藻の発生につながるので、液肥は表面が浸るくらいまでにとどめ、入れすぎないようにします。もし入れすぎたら、戻します。

ダスターの上にアルミ箔シートを並べて乗せます。液肥で湿っているのでピッタリくっつくはず。

横着栽培にしたいなら…

遮光板をつくったり、プラコップを加工するのが面倒……、もっと手軽に水耕栽培にトライしたい。そう考える人もいるでしょう。そんな時は"横着栽培層"で育てましょう。お茶パック苗ができたら(P.30参照)、水切りトレイや適当な容器に水切りネットとダスターを敷き、液肥を入れてそこに置くだけ。遮光板の作成やプラコップの加工は省略です。藻が発生したり、葉が重なり合ったりする不都合は生じますが、それでも十分な収穫を見込めます。

水切りトレイにお茶パックを並べるだけ。

適当な容器を使ったお茶パック栽培でもOK。

3 プラコップを加工する

密植栽培を可能にし、倒伏（倒れ）を防止するよう
プラコップを加工して鉢をつくります。
その余りから、スポンジ苗とお茶パックを密着させる
ホールドリングをつくります。

1 プラコップの底を切る

ハサミを使って、プラコップ
の底部の端から5mmぐらい内
側を（だいたいのプラコップは
ここに溝があります）、リング
状に切り取ります。

2 プラコップの底をふちに沿って切る

プラコップの底のふちに沿っ
て外側からハサミを入れ、リ
ング状に切り落とします。これ
がホールドリングになります。

3 プラコップとホールドリングを加工する

ホールドリングはスポンジ苗
とお茶パックを密着させるた
めのもので、これをつけると
根が液肥を吸いやすくなりま
す。コップやリングにぎざぎ
ざがあったら切り取って、ス
ムーズなカーブにします。

MEMO

ホールドリングは園芸
用の針金でつくること
もできます。

④ お茶パックにスポンジ苗をセットする

お茶パックにスポンジ苗をセットし、
お茶パックとスポンジ苗が密着するよう、
ホールドリングで半固定します。

1 お茶パックを裏返す

お茶パックを裏返し、底を箸で
広げて箱状にします。こうする
ことで、中にスポンジ苗を入れた
時、安定させることができます。

お茶パックの小を使います。

2 スポンジ苗を
お茶パックに入れる

スポンジ苗1個を箸で挟み、お
茶パックにそっと置きます。

3 お茶パックに
ホールドリングをはめる

29ページでつくったホールド
リングに、スポンジ苗が入っ
たお茶パックをはめ込みま
す。ホールドリングの位置
は、スポンジの半分ほどの高
さが目安。

スポンジ苗とお茶パックが
しっかり密着。

5 お茶パック苗を水耕栽培層にセットする

いよいよ、水耕栽培層に苗を定植させます。

1 プラコップを液肥トレイに置く

29ページの底を抜いたプラコップを、26ページでつくった水耕栽培層に並べていきます。

2 お茶パック苗を入れる

アルミ箔シートの穴に、お茶パック苗が密着するように、お茶パック苗をプラコップに入れていきます。これで、水耕栽培層へのお茶パック苗の定植が完了。

お茶パック苗を水耕栽培層にセットし終わったところ。

3 生長を見守る

水耕栽培層は、日が当たる場所に置きます。その後は、毎日1回、液肥の減りをチェックし、ダスターが液肥で浸った状態をキープ。右の写真は、水耕栽培層へ定植し、ほぼ1か月経過した時の様子です。

液肥を補給する時は、ザルの端を持ち上げて注ぎます。

3

藻をシャットアウト！軍艦巻き栽培

プラコップとバーミキュライトを使って水耕栽培する方法を発見して12年。それは、光と水さえあれば発生する藻との戦いでした。そして、とうとう藻に打ち勝つこんな方法にたどりつきました。スポンジをシャリに、苗の双葉をネタに、アルミ箔シートを海苔にたとえ、軍艦巻きと名付けました。葉もの全般の栽培に向いています。

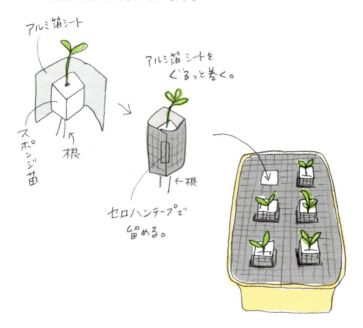

軍艦巻きをつくるのに必要なもの

◎スポンジ苗　◎アルミ箔シート　◎水切りトレイ
◎水切りネット　◎ダスター　◎セロハンテープ

① 軍艦巻き苗をつくる

苗の倒伏防止と遮光を兼ねた軍艦巻き苗を、アルミ箔シートでつくります。
苗が寄りかかれるよう、高さはスポンジ苗の倍にします。

1 アルミ箔シートを切る

アルミ箔シートはスポンジ苗をぐるりと巻いて、スポンジ苗ホルダー兼遮光板になります。まず、アルミ箔シートを縦5cm、横11cmにカット。

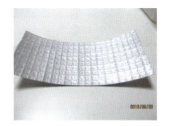

MEMO

左のアルミ箔シートのサイズは、スポンジが2.5cm角の場合。アルミ箔シートのサイズは、スポンジのサイズに合わせて、調整。

2 スポンジ苗を巻く

スポンジ苗をアルミ箔シートの左右どちらかの端近くに下（底）を揃えて置き、アルミ箔シートを巻いていきます。

3 双葉と根を確認し、セロハンテープで留める

シートを巻いたら、合わせ目をセロハンテープで留めます。上側では、苗がシートに寄りかかりながら顔を出し、下（底）側では、根がシートから出ているのを確認。

シートの下から根が出るようにします。

② 遮光板を上に置く液肥トレイをつくる

藻の発生を防ぐため、軍艦巻き専用の遮光板をつくります。
水耕栽培層の上に遮光板を置くことで太陽光を反射し、
藻の発生を防ぎます。

1 アルミ箔シートに印をつける

アルミ箔シートをザルの上部の大きさに合わせて切り、軍艦巻き苗が6つ入るように、等間隔に印をつけます。

MEMO

この×印に入れた切り込みに、軍艦巻き苗を挿していくことになります。

2 切り込みを入れる

つけた×印を目安に、切り込みを入れていきます。アルミ箔シートを写真のように折って、ハサミやカッター等で切ります。

3 液肥トレイをつくる

26ページ「水耕栽培層をつくる」の1を参照して、ザルに水切りネットを敷き、その上にダスターを敷きます。

4　液肥を入れて遮光板をセットする

液肥トレイにダスターが浸る程度の液肥を注ぎます。ザルの上に遮光板を被せ、表面を引っ張りながらセロハンテープで固定します。

5　水耕栽培層に軍艦巻き苗を挿す

4の水耕栽培層に、33ページでつくった軍艦巻き苗を挿していきます。切り込んだ×印片は、軍艦巻きの下側と一緒に遮光板の下に折り入れます。

6　生長を見守る

日が当たる場所に水耕栽培層を置き、その後は毎日ザルの片方を上げて液肥量をチェックし、ダスターが液肥で浸った状態をキープ。アルミ箔シートが、苗が倒れるのを防止しています。

MEMO

葉が広がっていくタイプの野菜の場合は、それぞれの軍艦巻きをプラコップ鉢で囲むとよいでしょう。

遮光板を下に置く液肥トレイのつくり方

2年間ほど、ザルの上に遮光板を置いての栽培が続きましたが、ザルの底に遮光板を敷いても栽培できることがわかりました。こうすると、すっきりして、部屋に置いても見栄えがよくなります。
34ページの手順1、2と同様に、アルミ箔シートに切り込みを入れます（アルミ箔シートの大きさも同じでOK）。液肥トレイにダスターが浸る程度の液肥を入れて、ダスターの上にアルミ箔シートを敷き、軍艦巻き苗を挿し込んでいきます。

遮光板を下に置いた水耕栽培層

水耕栽培層で育てる❸

寒い時期の水耕栽培には、連結ポット栽培法

寒い時期の水耕栽培におすすめなのが、連結ポット栽培です。連結ポットは太陽光で温まりやすく、連結ポットの中に入れた培地も根を温めるため、気温が低くても、お茶パックや軍艦巻きと比べて、生長が早まります。

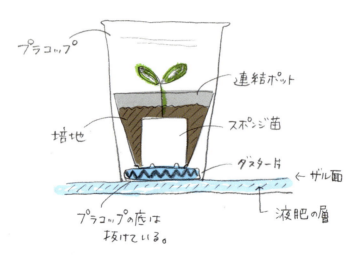

※水切りネットとダスターが液肥の層をつくっています。

> 連結ポット栽培装置をつくるのに必要なもの

◎スポンジ苗　◎連結ポット　◎プラコップ　◎水切りトレイ
◎水切りネット　◎ダスター　◎培地（ヤシ殻繊維、ミズゴケ）

1　連結ポットの底に切り込みを入れる

根が出やすく、液肥を吸い込みやすくするために、底にハサミで×印の切り込みを入れます。定植に使う個数分、同じ作業をします。

連結ポットは、園芸店やホームセンターなどで、安価で入手できます。

2　切り込みを太くする

液肥や根が通りやすくなるよう、切り込みを1mm程度の幅まで拡げます。連結ポットを一個一個切り離します。

3　連結ポットの角を切る

プラコップの底全体を切り落とし、2で加工した連結ポットを入れ、プラコップの底に届くか確認します。角がじゃまで入らない時は、角を大きく切り落とし、底に届くようにします。

角を切り取ります。

4　水耕栽培層をつくる

26ページ「水耕栽培層をつくる」を参照して、ザルに水切りネットとダスターを敷き、プラコップの底の大きさに合わせて穴を開けた遮光板をその上に重ねます。

5 連結ポットに
スポンジ苗を入れる

連結ポットの底に、底の大きさに合わせたダスター片を敷きます。連結ポットの辺に対して対角状にスポンジ苗を入れ、培地で隙間を埋め、表面も覆います。これをプラコップの中に入れます。

連結ポットの底が、プラコップの底辺部まで届いているか確認しましょう。

6 水耕栽培層に
連結ポットをセットする

4でつくった水耕栽培層の遮光板の隙間から、ダスターが浸る程度の液肥を注ぎ、連結ポットが入ったプラコップを遮光板の穴に置いていきます。

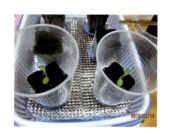

7
生長を見守る

日が当たる場所に水耕栽培層を置き、その後は、毎日1回液肥の減りをチェックし、ダスターが湿った状態をキープします。写真は、連結ポットに定植後、およそ1か月後のサラダ菜。

液肥トレイを掃除する

どれほど完璧に遮光しても、水耕栽培層には藻が発生します。根に藻が繁茂しない限り、根腐れしたり栄養吸収を邪魔したりすることはありませんが、トレイ部分は半月に1回は掃除するようにしましょう。この水耕栽培層は、ザルから上を取りはずすことができるので掃除は簡単。藻は、洗剤を使わなくても、スポンジを使って洗い流すことができます。

ザルから上をトレイから取りはずします。

トレイについた藻をスポンジで洗い流して、きれいに。

5

カゴ式水耕栽培で育てる

大型野菜を育てるなら、
カゴ式水耕栽培法（自動給水ボトルつき）

トマト、じゃがいも、豆類など、大きく生長する植物は、苗になったらカゴ式水耕栽培装置を使って育てます。市販の苗からの栽培にも適しています。さらに、自動給水ペットボトルを設置すれば、液肥を追加する手間が軽減されます。

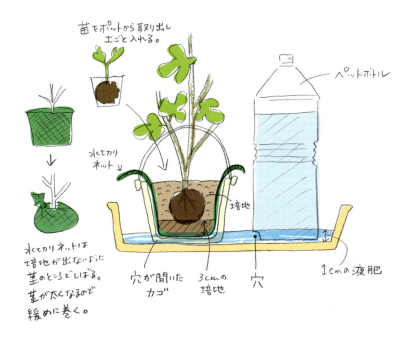

苗をポットから取り出し土ごと入れる。

ペットボトル

水切りネット

水切りネットは培地が出ないように茎のところでしばる。茎が太くなるので緩めに巻く。

培地

穴が開いたカゴ

3cmの培地

穴

1cmの液肥

カゴ式水耕栽培装置と自動給水ボトルをつくるのに必要なもの

◎苗　◎小さなカゴ（直径10cm、高さ10cm）　◎ペットボトル（500㎖〜2ℓ）
◎トレイ　◎水切りネット　◎培地（ヤシ殻繊維、ミズゴケ）

1 カゴ式水耕栽培装置に苗を定植する

大型野菜を水耕栽培で育てるのに適した方法はないだろうか？
思いついたのが、ゴミ箱の底に穴をあけて液肥トレイに置くゴミ箱栽培です。
これによって大型野菜の水耕栽培が可能になり、さらなる試行錯誤の結果、
ゴミ箱の代わりに小さなカゴでも栽培できることがわかりました。

1 混合培地をつくる

ヤシ殻繊維に水を含ませて戻し、ミズゴケは小さく刻みます。ヤシ殻繊維とミズゴケを半々に混ぜます。

2 カゴに培地を入れる

培地が漏れ出ないよう、側面と底面を切って 1枚にした水切りネットをカゴの中に広げ、ネットの上部をカゴの上に出します。1でつくった混合培地を底から3cmくらいまで入れます。

100円グッズの小さなカゴを使用。

3 苗を置く

市販の苗をポットから抜いて、土はそのままに、混合培地の上に置きます。苗の根元とそのまわりを混合培地で埋めます。カゴの上のふちギリギリのところまで混合培地で埋めましょう。

MEMO

種から育て、連結ポットに移植した苗も同じやり方です。

4 水切りネットの端を結び、液肥を入れる

培地が飛び散らないよう、水切りネットの上部を苗の中心に集め、紐で軽く結びます。液肥トレイに液肥を入れると、最初は苗が液肥をたくさん吸い上げるので、液肥が深さ約1cmになるように補充します。

カゴについている取っ手は、先々、支柱立てになります。

5 生長を見守る

日当りのよい場所へ水耕栽培装置を置きます。その後は、朝と夕方の2回液肥の減りをチェックし、底から1cmのところまでの液肥量を保ちます。

MEMO

液肥の消費量がさらに増えたら、次で紹介する自動給水ボトルを設置します。

カゴ式水耕栽培装置に苗を定植する ➡ **自動給水ボトルをつくる** ➡ 水位ゼロの自動給水ボトルをつくる

② 自動給水ボトルをつくる

大きく育つ野菜は液肥の消費量が増えていき、液肥トレイだけでは補給が間に合わなくなります。石油ストーブの給油タンクから思いついたのが、自動的に液肥を補給する自動給水ボトル。液肥を絶やさず苗に供給し、液肥切れを防ぎます。

1 穴をあける場所に印をつける

ペットボトルの底の角から約1cm上に、マジックペンで穴を開ける印をつけます。

2 半田ごてか熱したキリで 穴を開ける

穴を開けるには半田ごてか熱したキリを使用。ボールペンの軸の太さよりやや大きい穴を開けます。

穴をあける部分に菱形の印をつけ、カッターナイフで菱形に切り取ってもOK。

3 テスト用の 水を注入する

穴開けが終わったら、ボトルのキャップをしっかりと閉めます。底の穴から水差しを入れ、ボトルの半分くらいまで水を入れます。

MEMO

水差しがない場合、指で穴を塞いで上の飲み口から水を入れ、キャップをしっかりと閉めます。

4 確認する

液肥トレイにボトルを立て、穴の上の際まで水が溜まるかを確認。トレイの水をぞうきんに吸わせて減らしたあと、穴から水が補充されて水位が保たれれば○K。

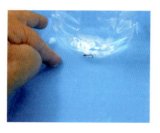

MEMO

水の深さがおよそ1cmあるか、指を使って確認。水の出方が悪い時は、穴を少しずつ上に大きくしていきます。

液肥の大量消費に対処するには？

トマト、ゴーヤ、きゅうりなど、葉がたくさん茂り、草丈も伸びていく野菜は、大量の液肥を消費するようになります。こういった野菜は夏に大きく生長することが多く、液肥の消費量がさらに増えます。そのため、朝だけでなく夕方にも液肥トレイをチェックし、液肥が少なくなっていたら追加します。こんな時に便利なのが自動給水ボトル。場合によっては2本設置し、液肥の量をキープしましょう。

③ 水位ゼロの自動給水ボトルをつくる

ベランダや庭などにカゴ式水耕栽培装置を置くと、液肥の中にボウフラがわくことがあります。
それを予防するために改良したのが、水位ゼロの自動給水ボトルで、
液肥をあまり消費しない野菜の栽培に便利です。
ペットボトルの穴は底ぎりぎりの位置で、ボールペンの軸の太さよりやや大きくします。

1 トレイに水切りネットと
ダスターを敷く

水切りネット1枚をふたつに
折って4層にし、トレイの底に
敷きます。トレイの大きさに
切ったダスターを、その上に
重ねて敷きます。

2 アルミ箔シートに
穴を開ける

アルミ箔シートをトレイの大
きさに切って、使うカゴの底
と、自動給水ボトルの底に合
わせた穴を開けます。ペット
ボトルの穴は底ぎりぎりの位
置に開けておきます。

カゴと自動給水ボトルを置
き、サイズが合うか確認。

3 カゴ式水耕栽培装置、
自動給水ボトルを設置する

カゴ式水耕栽培装置と自動給
水ボトルを設置し、うまく液
肥が供給されるか確認しま
す。アルミ箔シートにかから
ない程度に、液肥が保てれば
OK。

さらに、カゴ式水耕栽培装
置と自動給水ペットボトル
を、遮光すると完璧。

43

空気や水分を保つ
培地について

根のまわりに空気や水分を保つために使うのが培地です。わたしの水耕栽培の特徴は、葉もの野菜をつくる時の培地として、土の代わりに、水切りネットとダスター（不織布でできたふきん）を使うところにあります。トマトやいも類など大型の作物を育てる時は、安価なヤシ殻繊維とそれよりは高価なミズゴケを、半量ずつ混ぜ合わせた培地を使うことがほとんど。野菜がよく生長するし、撤収した後、燃えるゴミに出して処理することができます。

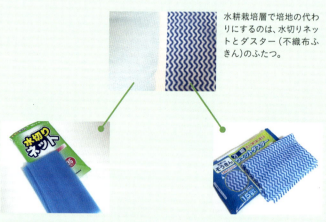

水耕栽培層で培地の代わりにするのは、水切りネットとダスター（不織布ふきん）のふたつ。

水耕栽培層における水切りネットは、空気を通したり、液肥を保ったりする役目を果たしています。細かく編んである水切りネットほど、土の代わりをするのに適しています。

ダスターも培地になりますが、水耕栽培層をやや不安定な場所に設置しても、すべての苗に液肥を供給する役目も果たします。わたしの栽培法でダスターといっているのは、不織布ふきんのこと。不織布とは、文字通り、織らずに、熱や機械的な製法で繊維を絡み合わせた布のこと。

　※ゴミ出しは地域のルールに従ってください。

大型野菜をつくる時にわたしがよく使う培地

ヤシ殻繊維（パームピート）

ヤシの実の外殻を原料にしてつくられた園芸用の繊維。圧縮成形されているので、水を加えると8倍以上にふくらみ、吸水性に優れた培地になります。1ℓで35〜40円と、安価なのも魅力。ほとんどの100円ショップで手に入ります。

ミズゴケ（水苔）

保水力と通気性にすぐれている園芸用の培地で、水耕栽培に適しています。大量の液肥を含み蓄えることができます。やわらかいので、根を傷めにくい特徴があります。

MEMO

最初は乾燥しています。ハサミで細かく切り、水で戻してから使います。

パーライト

石英岩を粉砕して高温処理し、人工的に発泡させた園芸用の素材。軽くて、通気性にすぐれています。枝豆やインゲン豆など豆類との相性がよく、バジルを育てる時に使ったことも。単独で使用。

バーミキュライト

育てる野菜を問わず、水耕栽培でよく使われるのが、鉱物（ケイ酸塩鉱物）が原料のバーミキュライト。わたしも以前はよく使っていましたが、細かくなって飛散し、部屋に散らばるので、現在はほとんど使っていません。

収穫量を上げるアイデア❶

害虫から野菜を守る 防虫ネットカプセル

野菜栽培で頭を悩ませる害虫対策。特に、ベランダ
など屋外での水耕栽培では、害虫との戦いが避けら
れません。農薬を使いたくないので、ランドリーバッ
グを骨組みにし、超大型洗濯ネットで覆った防虫
ネットカプセルをつくってみました。物理的に害虫
をシャットアウトできるので、防虫対策はこれひと
つで〇K。使わないときは小さくたたんで保管でき、
非常に便利です。

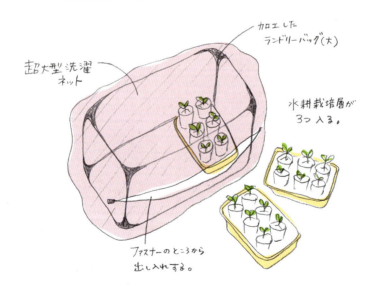

加工した
ランドリーバッグ（大）

超大型洗濯
ネット

水耕栽培層が
3つ入る。

ファスナーのところから
出し入れする。

防虫ネットカプセルをつくるのに必要なもの

◎超大型洗濯ネット　◎ランドリーバッグ（大）

1 洗濯ネットと
ランドリーバッグを購入する

洗濯ネットはランドリーバッグが入る大きさのものを購入。縦×横×高さのサイズを慎重に確認してください。

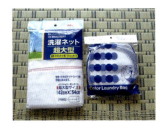

ランドリーバッグを入れられる洗濯ネットを選びます。

2 ランドリーバッグを
加工する

ランドリーバッグを組み立て、底面とファスナー面を切り取ります。形が崩れないように、骨組みからネットと布を少し残して切り取ります。

3 ランドリーバッグを
洗濯ネットで覆う

加工したランドリーバッグを洗濯ネットで覆います。この中に水耕栽培層を入れ、ファスナーを開けて、出し入れします。

4 防虫ネットに
水耕栽培層を入れる

この防虫ネットには、B5サイズの水耕栽培層が3つ入ります。これで無農薬の野菜を育てる準備が整いました。

ファスナーを開けないと中の様子が見づらくなりますが、これで害虫をシャットアウト！

収穫量を上げるアイデア❷

日当りが悪い部屋でもOK!
電照栽培装置

日当りの悪い部屋や、梅雨時の水耕栽培に威力を発揮するのが電照栽培。悪条件下での水耕栽培を可能にするだけでなく、自然光と比べて半分〜⅔の日数で収穫できます。昔は1本2万円ほどした植物栽培用LEDも、今では¼くらいまでに廉価化が進み、手が出しやすくなっています。

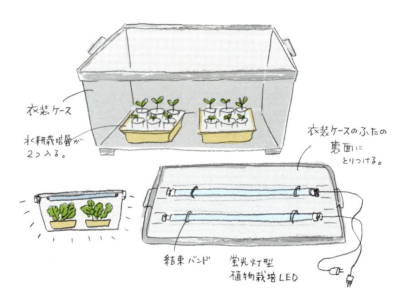

衣装ケース

水耕栽培層が
2つ入る。

衣装ケースのふたの
裏面に
とりつける。

結束バンド　　蛍光灯型
植物栽培LED

電照栽培装置をつくるのに必要なもの

◎蛍光灯型植物栽培用LED（20W）◎結束バンド
◎衣装ケース（横70cm、奥行き40cm、高さ37cm）

1　植物栽培用LEDを加工する

衣装ケースと20Wの蛍光灯型植物栽培用LEDを2本用意。衣装ケースのふたを裏返し、LED1本分のサイズに合わせて半田ごてなどで穴を開け、2本の結束バンドで両端を留めます。

衣装ケースのサイズは、横70cm、奥行40cm、高さ37cmが適当です。

2　2本の植物栽培用LEDを設置する

写真のように、衣装ケースの裏に設置する植物栽培用LEDは2本。熱は発生しないので、衣装ケースに密着させても大丈夫です。

3　水耕栽培層を衣装ケースに入れる

このサイズの衣装ケースであれば、B5サイズの水耕栽培層がふたつ入ります。12株育てることになります。

4　ふたを被せて光を当てる

ふたを被せて電気を通し、野菜に照明を当てます。野菜が窒息しないよう、ふたを少しずらして、隙間をつくります。

生長を見守る

光は1日24時間、絶やさず当て続けます。1か月くらいで写真ほどの大きさに育ちます。レタスの場合、通常は収穫までに2か月ほどかかりますが、35〜40日での収穫が可能に。

電照栽培も、自然光と同じように元気に育ちます。

電照栽培は自然光栽培に比べ、こんなに生長が違います

電照栽培と自然光栽培でどれほどの差が出るか見てみましょう。10月26日、チマサンチュとサラダ菜を定植し、そこから電照栽培で育てます（軍艦巻き栽培）。およそ2週間後の11月8日に、

まったく同じ日に種まきと定植をし、自然光で育てたチマサンチュとサラダ菜（お茶パック栽培）と比較してみました。電照栽培のほうが、2倍ほどの大きさに育っています。

10月26日に、チマサンチュとサラダ菜の電照栽培を開始。

2週間後、自然光で育てたチマサンチュ（右）と比較。

同じく、2週間後、自然光で育てたサラダ菜（右）と比較。

棚を使った電照栽培法

LEDを取り付けた衣装ケースのふたは、結束バンドで棚に固定することもできます。上段の棚の下に吊り下げても、棚の上に固定してもOK。育ちが遅れた栽培層を、光源に近い位置に移動しながら育てます。

ひとつの電照栽培装置で1段分に光が当たります。

24時間光を当て続けても、電気料金は微々たるもの。

第2章

毎朝、採れたて！　葉もの野菜

サニーレタス

栄養素の宝庫。栽培が簡単な初心者向きのレタスです。種をまいて平均2か月で初収穫。その後、3～4か月収穫し続けることができます。

🌱 栽培メモ

家庭菜園でいちばん人気なのがサニーレタス栽培。年中育てられ、室内栽培にも適しています。夏の暑い時期は、茎が間のび（徒長）
しますが、その茎も味噌汁に入れると格別のおいしさです。

🌿 栄養メモ

レタスの中でもβ-カロテン、ビタミンCやEが突出して多いのが特徴。普通のレタスは淡色野菜ですが、緑黄色野菜に分類されます。

1

スポンジに種をまき、発芽させる

適当な容器に2.5cm角のスポンジを置き、その上に種を2粒ずつまいて発芽させます（P.22参照）。発芽したら、スポンジの高さの半分ぐらいまでの水分量を保ちます。

レタスを水耕栽培するなら、サニーレタスがおすすめ。

2

水耕栽培層へ定植する

種をまいておよそ2週間経ち、双葉が大きくなったらお茶パック苗を6個つくり、水耕栽培層へ定植（P.25参照）。その後は、ダスターが液肥に浸っている状態を保ちながら育てます。

水耕栽培層は、日当りがいい場所に置きましょう。

3

収穫時期を迎える

レタス類は、季節によって早くて50日、遅くて3か月、平均すると2か月で収穫時期を迎えます。

4

プラコップをいったん外す

収穫のために、いったんプラコップを外します。プラコップの底は切り取ってあるので、縦にハサミを入れてお茶パック苗から外します（プラコップは手順7で再使用するので取っておく）。

MEMO

お茶パックの底が葉でパンパンになっている時は、ひと株を間引く必要があります。

5

間引く

外の大きな葉を1枚1枚収穫していってもよいのですが、今回は2株とも大きく育ったため、密植を避けるためにひと株を間引きます。ハサミで株の根元を切って収穫。

ひと株にすると根元がすっきり。

6

すべてのお茶パック苗から
ひと株ずつ間引く

水耕栽培層には6つのお茶パック苗が入っています。そのすべてのお茶パックをひと株にします。

7

お茶パック苗に
プラコップをはめる

いったん外したプラコップを
ひと株になったお茶パック苗
にはめ、葉が広がらないよう
にします。

8

収穫しながら栽培する

ひと株にした栽培層は、最初、
少し寂しい感じがしますが、
短期間で葉が茂り始めます。
大きくなった葉を収穫しなが
ら栽培を続けます。

収穫したサニーレタス。これ
からも収穫が続きます。

9

収穫と栽培を続ける

棚の2段目がサニーレタス。
ひと株を間引いてから2週間
もすると、大きく育って、毎
日のように収穫できます。

棚の上部を突き抜けるほどの
生命力。

ガーデンレタスミックス

5種類ほどのレタスを一度に収穫できるガーデンレタスミックス。バラエティ豊かな味を楽しめるので、得した気分になります。

🌱 栽培メモ

種袋に5〜6種類のレタスが混在しているレタスを、ガーデンレタスミックスと言います。味や色がさまざまなので、楽しみながら育てることができます。種によって発芽までに差があり、1週間遅れになるものも。にぎやかにするために、わたしはいつもスポンジに3粒ずつ種をまきます。

🌿 栄養メモ

レタスは、種類によって含む栄養素が異なります。数種類のレタスを食べることで、まんべんなく栄養を摂ることができます。

種まき	発芽	定植	収穫
適温 15〜17度	2〜3日	10日	45日

1

種をまいて発芽させ、定植する

スポンジに種をまいて発芽させ（P.22参照）、双葉が大きくなったら水耕栽培層へ定植します（P.25参照）。多種類あっても、定植時期はあまり変わりません。

その後は、ダスターが液肥に浸っている状態を保ちながら育てます。

2

収穫する

およそ2か月で収穫時期（上段がガーデンレタス）。大きな葉から順に収穫します。ふたつほど栽培層をつくれば、多種類の新鮮なレタスをサラダにして楽しめます。

マノアレタス

やわらかくて薄い葉がおいしい半結球レタス。葉先が焼けやすいので
野菜売り場ではあまり見かけません。そんなマノアを自家栽培で。

栽培メモ

ハワイ原産の半結球レタスで、小ぶりで緩やかな球を巻きます。「手のひらサイズのレタス」という名前で売られている時もあります。味にクセがなく、ジューシーな食感が魅力。

栄養メモ

ビタミンC、カルシウム、鉄が含まれ、コレステロールがゼロ。一方でコレステロールを減らす働きがある食物繊維が多く、心臓病のリスク軽減が期待できます。

種まき	発芽	定植	収穫
適温 15～17度	2～3日	10日	45日

1

スポンジ苗を育て、水耕栽培層に定植する

スポンジに種をまいて発芽させ（P.22 参照）、双葉が大きくなったら水耕栽培層へ定植（P.25 参照）。ダスターが液肥に浸っている状態を保ちながら育てます。

定植後1か月半。この頃から半結球します。

2

収穫する

葉先も焼けずに大きく育ったマノアレタス。大きくなった外葉から摘みながら栽培を続けます。

たまに結球せず、葉が広がることも。

サラダ菜

葉が円形で大きく、肉厚。ハムや卵を巻いて食べるとおいしい。β-カロテンやビタミン類が多く含まれる、栄養価が高いレタスです。

栽培メモ

わたしが子どもの頃から、コロッケパンに必ず一緒にはさんであったのがサラダ菜。コロッケに負けない存在感があったことを記憶しています。結球するタイプに分類されますが、中央がごく緩く結球するだけです。

栄養メモ

目にいいビタミンA、糖質の代謝を促すビタミンB1、免疫力を高めるビタミンC、ナトリウムをスムーズに排出するカリウムなどが豊富。血管を保護し、高血圧を予防。免疫力を高めてくれます。

種まき	発芽	定植		収穫
適温 15〜17度	2〜3日	10日		60日

1

スポンジ苗を育て、水耕栽培層に定植する

スポンジに種をまいて発芽させ(P.22 参照)、双葉が大きくなったら水耕栽培層へ定植します(P.25 参照)。ダスターが液肥に浸っている状態を保ちながら育てます。

2

収穫する

垂れ下がるほど葉が大きくなったサラダ菜。外側の葉から順に収穫すれば長く楽しむことができます。葉は乾燥に弱いので、摘んだらすぐに使いましょう。

土を使わないのに、こんなに大きな葉が育ちます。

ちりめんちしゃ

わたしがよく育てるレタスのひとつ。サニーレタスの一種で葉に赤み
が出ない品種です。味にクセがなくて食べやすく、育てやすい。

栽培メモ

とても丈夫で育てやすい。葉が大き
くなるだけでなく、軽くひだをつくる
ので、収穫した葉を広げると、予想
以上の面積になり、お得感がありま
す。チマサンチュと違って、少々暑
さに弱いレタスです。

栄養メモ

100g食べると、骨粗鬆症を予防する
ビタミンKの1日の必要量を満たしま
す。カリウムも多く、高血圧を予防。

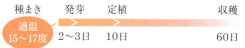

種まき	発芽	定植		収穫
適温15〜17度	2〜3日	10日		60日

1

スポンジ苗を育て、水耕栽培層に定植する

スポンジに種をまいて発芽さ
せ(P.22参照)、双葉が大き
くなったら水耕栽培層へ定植
します(P.25参照)。ダスター
が液肥に浸っている状態を保
ちながら育てます。

2

収穫する

定植後、2か月ほどで収穫ス
タート。その後は、大きくなっ
た葉を摘みながら育てます。
写真を見ると、お茶パック苗
からの生長ぶりがよくわかり
ます。

結球レタス

レタスといえば結球した玉レタスが一般的ですが、水耕栽培では結球しにくいのが難点。見た目は悪いですが、おいしさはピカイチです。

栽培メモ

レタスをきれいに結球させるのは、家庭菜園プランターでも至難の技。種ではなく苗から育てても、葉が暴れるように向きを変えて、なかなか結球してくれません。密植栽培が原因かも。

栄養メモ

95％が水分。含有量は少ないものの、β‐カロテン、ビタミンCやE、葉酸などのビタミン類、カルシウム、カリウム、鉄などのミネラル類をバランスよく含んでいます。

種まき	発芽	定植	収穫
適温 15～17度	2～3日	10日	55日

1

水耕栽培層に定植する

ここでは、種ではなく市販の苗から育てています。96ページのかぼちゃと同様に、ポットの底に穴を開けた水耕栽培装置をつくり、深さ1cmに液肥を保ちながら育てます。

MEMO

苗の生長に合わせて相当な栽培面積が必要になるため、いつもの水耕栽培層ではなく、面積があるトレイや容器に定植します。

2

収穫する

葉が広がるだけでなく、暴れ回る感じで大きくなります。結球しなくてもおいしさは変わらないので、外の葉から摘んでいきましょう。

包丁で縦半分に切ると、中心が巻いていることも。

赤チマサンチュ

赤く色づくチマサンチュの仲間で、冬が深まるほどきれいに発色します。コンビニで買った丼もののプラスチック容器を再利用しました。

栽培メモ

緑のチマサンチュと同じで、暑さにも寒さにも強く、大量の葉を収穫できます。あり合わせの容器でもこんなに立派に。幅広の葉は、焼き肉を巻くのにピッタリです。

栄養メモ

赤い色はフラボノイド系の植物色素、アントシアニン。アントシアニンには、抗酸化作用のほかに、抗炎症作用や内臓脂肪の蓄積を防ぐ働きがあります。

1

スポンジに種をまき、発芽させる

適当な容器に 2.5cm角のスポンジを置き、その上に種を 2粒ずつまいて発芽させます（P.22 参照）。

MEMO

発芽したら、スポンジの高さの半分くらいまでの水分量を保ちながら育てます。

2

水耕栽培層をつくる

プラスチック容器のふたに、プラコップを差し込むための穴を 4つ、ハサミで開けます。ここではコンビニで買った中華あんかけ丼の容器を使っています。

茶色の容器は遮光の役目を果たし、藻の発生を防ぎます。

3

液肥を注ぐ

容器の底の大きさに合わせて水切りネットを切り、8層重ねます。その上に、同じく容器の底の大きさに合わせて切ったダスターを重ねます。

ふたをして、底を抜いたプラコップを穴に差し込み、ダスターに届くかテストします。

4

スポンジ苗を入れ、育てる

プラコップの底がダスターに届くのを確認したら、スポンジ苗をお茶パックに入れ、その後は、ダスターが液肥に浸っている状態を保ちながら育てます。

> **MEMO**
>
> 液肥量を確認したり、注いだりする時は、プラコップ内の苗ごとふたを持ち上げます。

5

生長を見守る

丼の容器を使っても、従来の水切りトレイ栽培層と比べて遜色なく生長しています。

6

収穫する

プラコップでは支えきれないほど大きな葉に育ちました。発色が少なかったので、この後、室内から日の当たる室外へ移動。3日もすれば色がつき始めます。

> **MEMO**
>
> 赤チマサンチュは寒いほどきれいに色づきます。しかし、全部の葉が赤くなるわけではありません。

根元を残して、もう一度収穫！

切り株から
再生栽培

育てた野菜を全部収穫した後、新たに種から育てると、収穫までに2か月ほどかかります。その間に野菜が不足することが予想される時は、収穫する時に根元を残して切り株栽培をしましょう。約1か月で、再び収穫できます。

切り株栽培で育てたチマサンチュ。切り株からでも、大きな葉が収穫できます。

お茶パックで再生する

根元を残して全株収穫後、引き続き水耕栽培層のダスターが浸る程度の液肥を与えていると、脇芽が出ます。脇芽が出た株をスポンジごと取り出し、きれいに洗い、お茶パックで包んで、口を園芸用針金で緩めに結びます。適当な容器に、水切りネットが4層になるように敷き、プラコップの底にあわせて切り抜いたダスターを重ねて敷きます。底を抜いたプラコップを切り抜き穴の上に置き、お茶パックで包んだ株を入れます。

脇芽が写真ほどの大きさに育ったら、スポンジごと取り出して洗います。

お茶パックで包んで口を結びます。

ダスターが液肥に浸っている状態を保ちながら育てます。

水切りネットとダスターを敷いて、プラコップを置き、その中に株をセットします。

連結ポットで再生する

連結ポットに定植し、育てたレタス（ここではサラダ菜。ヤシ殻繊維とミズゴケの混合培地を使っています）を根元を残して収穫し、そのまま液肥に浸けておくと、1週間〜10日で脇芽が出てきます。脇芽が2〜3cmに育ったら、葉が重ならないよう、連結ポットを切り離します。

適当な容器に水切りネットを4層にして敷き、連結ポットの底にあわせて切ったダスターを重ね、切り株の入った連結ポットを置きます。およそ1か月で収穫可能になります。

1週間〜10日で脇芽が出てきます。

根元ひとつから3株出てくることも。

サラダ菜の再生です。

セロリ

栄養価が高いものの、残留農薬の多さが話題になるセロリ。水耕栽培なら無農薬のセロリができます。セロリのスープにすると格別です。

栽培メモ

スーパーに並んでいるセロリは、ひと株が大きくなったもの？ そんな乏しい知識しかなく、また、どのように育つかもわからないまま栽培開始。いつものカゴ式栽培法ですが、結果は予想以上。葉が大量に採れました。

栄養メモ

茎にはミネラルや食物繊維が、葉にはビタミン類が豊富。セロリに含まれるケイ素には、関節や骨、血管を強くする働きがあります。

 1

株分けする

苗を株分けします。ここでは市販の苗2ポットを土ごと取り出し、空になった苗ポットに水を入れ、そこに苗を戻して土をふるい落とします。そのまま6株に株分け。へなへなと少し心細い苗ですが、これをひと株ずつ定植します。

2

カゴ式水耕栽培装置に定植する

深さ10cmほどのカゴに水切りネットを敷き、培地を底から5cmほど入れます。中央に苗を立たせ、3cmの高さの培地で安定させます。トレイに深さ1cmの液肥を入れ、水耕栽培装置を置きます。

培地はヤシ殻繊維とミズゴケの混合。

3

生長を見守る

株分けした苗は自立できないので、底を抜いたプラコップで補助します。5日もすると、茎がしっかりしてきます。1か月ほどで株の根元がセロリらしくなってきます。

葉もどんどん茂ってきます。深さ1cmの液肥量をキープ。

4

収穫する

定植して2か月後にひと株収穫しました。カゴからすっぽりと抜け、根元から葉先まで57cmの長さがありました。深いプランターを使うことなく、ここまで育ちます。

密生した根は厚さ5cmほど。

5

収穫しながら育てる

その後も驚くほど旺盛に葉を茂らせていきます。外側にある茎から収穫しながら育てますが、1週間に1度、太い茎を収穫しても、間引いた感じがしません。葉も食べられます。

最初はポットの中で自立できなかった苗も、ブロック2個分を超えるほどの大きさに。

6

半年後まで収穫する

最後の収穫は、定植してから半年以上あと。長い間、収穫が楽しめるだけでなく、収穫・撤収後、燃えるゴミで出せるヤシ殻繊維とミズゴケが培地なので、ベランダ栽培にピッタリ。

チンゲン菜

中国野菜の代表とも言えるチンゲン菜。お茶パックと連結ポットのふたつの栽培方法で育ててみました。

栽培メモ

栽培しやすく、野菜のうまみを堪能できます。育てるならミニサイズを。B5サイズの小スペースでの栽培なので、ミニチンゲン菜がピッタリです。

栄養メモ

葉酸、カリウム、ビタミンC、ビタミンB6など、血管によい栄養素が豊富。心血管系によい野菜といえます。免疫力を高め、炎症を抑える働きもあります。

お茶パックを使った水耕栽培層 (P.25 参照) での栽培法を紹介します。

1

種をまいて発芽させ、水耕栽培層に定植する

スポンジに種をまいて発芽させ(P.22 参照)、双葉が大きくなったら水耕栽培層へ定植します(P.25 参照)。種まきから定植までに20日間ほどかかります。

定植から1週間後。ダスターが液肥に浸っている状態を保ちながら育てます。

2

生長を見守る

定植後、1か月。プラコップに支えられながら、ぐんぐん育っています。

種まき	発芽	定植		収穫
適温 15〜30度	2〜3日	17〜18日		60日

3

収穫する

定植後2か月で収穫時期に。お茶パックに苗を入れて液肥を与えるだけで、培地を使った栽培と同じように育つことがわかりました。

液肥を吸うため、根がお茶パックを突き抜けています。

連結ポットを使った水耕栽培層（P.36 参照）での栽培法を紹介します。

1

水耕栽培層に定植する

スポンジ苗を育て（P.22 参照）、双葉が大きくなったら連結ポットに入れて水耕栽培層に定植します（P.36 参照）。ダスターが液肥に浸る状態を保ちながら育てます。

わずか 5cm四方の連結ポット。この中で育てます。

2

生長を見守る

定植後、1か月。ここでは2種類の培地を使っていますが、両方とも同じような生長度を示しています。

> **MEMO**
>
> 培地は、左が E・ソイル（杉の木の皮と檜の木の皮を特殊加工した培地）で、右がモミ殻薫炭とヤシ殻繊維の混合。ヤシ殻繊維とミズゴケの混合でも OK です。

3

収穫する

定植から2か月経つと収穫時期。根元がきれいな丸みを帯びています。お茶パックと比べ、連結ポットは定植時の作業が多くなりますが、チンゲン菜栽培には適しているかもしれません。

ふっくらとした丸みを帯びた根元に。連結ポットが根を温めるからでしょうか。

ねぎ

お茶パックに種をまき、液肥に浸けるだけ。室内でも大きく育つねぎ
栽培です。細い九条ねぎと太めの九条ねぎを、それぞれ育てました。

栽培メモ

細いねぎはある程度育つと、揺れ
やなにかが当たったショックで倒
れるようになります。そこで、ひと
工夫。透明の封筒の中に細いねぎ
をまとめ、倒れないようにしました。

栄養メモ

植物栄養素と抗酸化物質が豊富。
独特の香りは、血行をよくし冷え
性を改善するアリシンによるもの。
アリシンには、神経痛や関節痛を
やわらげる働きも期待できます。

細い九条ねぎを育てる

1

お茶パックに種をまく

お茶パック（大）に培地を入れ、
培地の表面を平らにならしま
す。そこに、12 ～ 15 粒の種を
まきます。お茶パックを適当
な容器に並べ、培地の表面が
湿るまで水を注ぎ、毎日その
状態を保ちます。

MEMO

ここでは培地にバーミ
キュライトを使ってい
ますが、燃えるゴミで
出せるヤシ殻繊維とミ
ズゴケの混合でも OK。

2

水耕栽培層に定植する

芽が出てねぎが 10 cm くらい
に育ったら、藻を防止するた
め、お茶パックの側面下半分
にアルミ箔を巻きつけ、遮光
します。水切りトレイのザル
の上にお茶パック苗を並べ、
液肥を入れたトレイにセット
します。

その後は、ザルの底が液肥に
浸っている状態を保ちながら
育てます。

3

倒伏を防止する

ねぎが長く生長すると倒伏（倒れる）するようになります。ここでは、ビニール製の透明な封筒を使って倒伏を防止。封筒の底を切り取って筒状にし、株ごとに被せ、まとめています。

4

収穫する

草丈20cmくらいになったら、少しずつ収穫しながら育てます。2か月くらいにわたっての収穫が可能。長いもので45cmほどになります。

太い九条ねぎを育てる

1

お茶パック(大)で栽培する

太ねぎは細ねぎほどひどく倒伏しないので、倒伏防止をしなくても育てることができます。お茶パックに種をまき、水耕栽培層に定植するまでは左ページの「細い九条ねぎを育てる」と同じです。

MEMO

遮光したお茶パックにはあまり藻は発生しないものの、液肥トレイには藻がつきます。苗をザルごと外し、液肥トレイをスポンジなどでこすって除きます。

2

収穫する

30cmほどになったら、太いものから引き抜いて収穫します。そのまま育てて、長さが60cmを超えたものも。刺身のツマや、レタスと合わせて生食でいただきます。

芽にんにく / 葉にんにく

にんにくをパーライトにセットしたら、水だけで栽培できます。10日も
すると芽にんにくになり、3〜4週間で葉にんにくになります。

栽培メモ

液肥を使わず、水道水のみで育つ
のが魅力。芽にんにくにするか、
葉にんにくにするかはお好みで。
最短だと1週間で芽にんにくが食
べられます。

栄養メモ

風邪を予防したり、高血圧の予防
や改善をしたり、重金属を体から
排出したりする多くの薬効が知ら
れています。スタミナがつき、疲
労を回復する効果も。

にんにくの皮をむく

にんにくの薄皮をむきます。
この時は、にんにく1玉から
13個のにんにく片が採れま
した。使い忘れのちょっとくた
びれたにんにくも使えます。

にんにくを湿らせる

にんにく片を容器に入れ、
ティッシュペーパーを上に被
せ、上から水をかけて湿らせ
ます。その後も、ティッシュ
ペーパーが湿った状態を保ち
ます。

MEMO

かなり古くなったにん
にくでも、水に浸ける
と元気になることがあ
ります。

3

根を確認する

2日ほどで石突きから白い根が出てきます。芽が出るまで、ティッシュペーパーを被せた上からスポイトで水をたらし、湿った状態をキープ。

4

にんにくを
パーライトに埋める

緑色の芽が出たら、深さがある容器にパーライトを8分目ほど入れ、芽を上にしてにんにくを埋めます。芽の先端を少しだけパーライトから出し、パーライトの表面が湿るまで水を入れます。

MEMO

パーライトを入れる容器は豆腐の容器でも可。パーライトは、湿った状態を保ちます。

5

生長を確認する

2日もすれば芽がまっすぐになります。それからは、パーライトの表面が湿った状態を保つだけで、室内でも、どんどん生長。「芽子ニンニク」として商品化されています。

MEMO

にんにくは自らの栄養で生長します。液肥を使わず、水だけでOK。

6

収穫する

1週間〜10日で高級食材の芽にんにくができます（写真）。芽が二股に分かれた頃が芽にんにくの食べ頃で、葉、球、根までいただけます。収穫せずにそのまま育てると、3〜4週間で葉にんにくになります。

40cmほどに育った葉にんにく。中華料理の炒め物に合います。

水菜

年間を通して元気に育ち、収穫量が特に多い葉もの野菜のひとつ。
シャキシャキ感を楽しむサラダによし、鍋ものにもよしです。

栽培メモ

レタス類に並んで育てやすい葉もの野菜の代表。小さな容器であっても、大量の水菜が育ちます。収穫時を冬に合わせると、葉がやわらかくなって美味。

栄養メモ

100gにつき23kcalと低カロリー。骨を健康にするビタミンK、細胞分裂において重要な役割を果たす葉酸のほか、各種ビタミンやミネラルを含む健康野菜です。

1

種をまいて発芽させる

適当な容器に2.5cm角のスポンジを置き、その上に種を2粒ずつまいて発芽させます（P.22参照）。発芽したら、スポンジの高さの半分くらいの水分量を保ちます。

MEMO

2週間ほど経ち、双葉が大きくなったら定植します。

2

水切りネットとダスターを容器の底に敷く

水切りネットを容器の底の大きさに合わせ8層になるよう折り込み、ネットが大きければ、両端をふちから出します。その上に、容器の底の大きさに合わせて切ったダスターを敷きます。

水切りネットの上に敷くダスターは、1層でOK。

3

液肥を注ぎ、定植する

液肥をダスターの高さまで注ぎ、その上に1のお茶パック苗を並べていきます。お茶パック苗は、密着させて置いても構いません。

今回使った容器には、6つのお茶パック苗が入りました。

4

周囲と底にアルミ箔シートを巻く

遮光のため、容器の周囲と底にアルミ箔シートを巻きます。

野菜の種類、種まきの日、定植日などを記入したシールを貼っておきましょう。

5

生長を見守る

水菜はその名のとおり、水（液肥）を切らさなければ、すくすく育ちます。ダスターが液肥に浸っている状態を保ちましょう。水菜は光を好むので、日当たりがよい場所に栽培層を置くようにします。

6

収穫する

およそ50日で食べ頃に。株の真ん中から、葉がどんどん出てくるので、大きく育った葉から摘み採っていきます。およそ1〜2か月間の収穫が可能。わたしは、お茶パックごと収穫して楽しみます。

ウォータークレソン

辛みと苦みが、サラダのアクセントや肉料理のつけあわせにぴったり。もともと水辺で育つ植物なので、水耕栽培に適しています。

栽培メモ

繁殖力がとても旺盛。横に広がって生長するので、プラコップは必要ありません。栽培期間が長くなると葉が黄ばんでくるので、若くみずみずしいうちに収穫しましょう。

栄養メモ

タンパク質、ビタミンCやE、亜鉛など、17の栄養素の含有量をスコア化したところ、大切な栄養素を広範囲にわたって大量に含んでいることがわかっています。ヨーロッパでは健康ハーブとして有名。

種まき	発芽	定植	収穫
適温15〜20度	6日	14日	40日

1

種をまいて発芽させる

適当な容器に2.5cm角のスポンジを置き、その上に種を2粒ずつまいて発芽させます（P.22参照）。発芽したら、スポンジの高さの半分くらいまでの水分量を保ちます。

2

水耕栽培層に定植する

双葉が大きくならないうちにお茶パック（大）にスポンジ苗を2つずつ入れ、スポンジ苗のまわりを培地で覆い、水切りトレイの栽培層に定植。ザルの底が液肥に浸っている状態を保ちながら育てます。

培地はヤシ殻繊維とミズゴケの混合。2か月後くらいから収穫できます。

ルッコラ

別名、ロケットサラダ。イタリア料理などでよく使われます。ごまのような香りがして、ピリっとした辛さがあります。

栽培メモ

生長は早いですが、葉があまり大きくなりません。種をまいてから1か月ほど経った頃の若い葉がおいしい。育てやすい葉もの野菜のひとつ。

栄養メモ

100gにつき25kcalと低カロリー。食後血糖値の上昇を抑える働きがあります。心臓や骨を強くするだけでなく、呼吸器系の状態を改善。強い抗酸化力があることも知られています。

種まき	発芽	定植		収穫
適温 15〜20度	2〜3日	10日		30日

1

種をまく

お茶パック（大）にパーライト（P.45参照）を底から1cmほど入れ、水切りトレイに並べます。ひとつのお茶パックに5〜6粒の種を等間隔にまき、パーライトの表面が湿る程度の水を注ぎます。

2日ほどで発芽が始まり、5日ほど経つと双葉になります。

2

生長を見守る

双葉が大きくなったら、水から液肥に変えます。ザルの底が液肥に浸っている状態を保ちながら育てます。この写真は種をまいて2週間ちょっと。緑の葉がきれいです。1か月ほどで食べ頃に。

バジル

イタリア料理に欠かせないバジル。独特の香りとかすかな苦みが魅力です。生命力が強く、真夏に育てて80cm以上に生長したことも。

栽培メモ

ピザでおなじみの香りが強いハーブ。お茶パック苗で育てれば、栽培に失敗することはほとんどありません。スポンジ苗だけでも、チャコボールを培地に使った栽培でも、変わらない生長を示します。どんどん生長する葉の大きさが、手のひらサイズになることも。

栄養メモ

消化を助けたり、不安や不眠を改善するハーブとして世界中で使われてきました。バジルに含まれる水溶性フラボノイドには、強い抗酸化力があり、ビタミンやミネラルも豊富。

種まき	発芽	定植		収穫
適温20〜25度	10日	14日		40日

 1

スポンジ苗を育て、水耕栽培層に定植する

スポンジ苗を育て（P.22参照）、水耕栽培層に定植します（P.25参照）。半分の苗はチャコボールで覆いました。ダスターが液肥に浸っている状態を保ちながら育てます。

チャコボールは炭が原料。水耕栽培でよく使われる培地。

2

収穫する

草丈が15cmほどになったら少しずつ収穫します。培地を使わない苗も、チャコボールで覆った苗も同じように生長しています。お茶パック苗には培地がいらないことがわかりました。

お茶パックの中にはスポンジ苗だけ。培地がなくても、大きく生長します。

スイスチャード

ベビーリーフから大葉まで、いつ摘み採ってもおいしいアカザ科の葉もの。育てやすく暑さや寒さにも強い。長期栽培と収穫ができます。

栽培メモ

種の入手が最近難しくなった、人気の葉もの野菜。米粒ほどの大きさがある種から、数本の芽が出ることも。一年中栽培することができます。

栄養メモ

抗酸化作用があるビタミンA、C、Eだけでなく、13種類に及ぶポリフェノール系の抗酸化物質を含んでいます。鮮やかな色素には抗炎症作用と排毒作用が。カルシウム、マグネシウム、ビタミンKが骨を健康にします。

種まき	発芽	定植	収穫
適温 25〜28度	2〜3日	10日	30日

種をまいて発芽させ、水耕栽培層に定植する

スポンジに種をまいて発芽させ（P.22参照）、双葉が大きくなったら水耕栽培層へ定植（P.25参照）。ダスターが液肥に浸っている状態を保ちながら育てます。

MEMO

発芽がまばらだったので、定植は種まきから2週間以上経ってからになりました。

生長を見守る

観賞用として知られる野菜なので、きれいな色を楽しみながら育てることができます。大株にすれば、レタスと同じように外葉から摘んで長く収穫できますが、やや硬くなります。

MEMO

写真は定植後1か月が経った頃で、この頃から収穫スタート。この時点の葉がやわらかく、味もベスト。

レモンバーム

レモンに似た香りが名前の由来。長寿のためのハーブとして知られています。定植まで時間がかかりますが、その後はどんどん育ちます。

栽培メモ

日なたを好みますが、直射日光は苦手。そのため、室内での窓際栽培をおすすめしています。寒さに強いので、冬でも元気に育ちます。液肥が足りないと葉が硬くなるので注意。

栄養メモ

ヨーロッパでは数世紀にわたって、抑うつ症状を緩和する芳香療法に使われてきました。神経細胞を酸化から守り、記憶力、思考力、気持ちの落ち込みを改善する働きがあります。肝臓から毒素を排出する効果も。

種まき	発芽	定植	収穫
適温 15〜20度	2〜7日	20日	40日

種をまき、発芽させる

適当な容器に2.5cm角のスポンジを置き、その上に種を2粒ずつまいて発芽させます（P.22参照。ここでは密閉容器に入れています）。発芽したら、スポンジの高さの半分ほどの水分量を保ちます。

> **MEMO**
>
> レタスと違って、ハーブは発芽までに日数が必要。密閉容器のふたを少しずらして保温します。容器は直射日光が当たらない、温かい場所に置きます。

定植する

お茶パックに苗を入れ、水切りネットとダスターを敷いた容器に定植（P.72参照）。その後は、ダスターが液肥に浸っている状態を保ちながら育てます。70日後には立派なレモンバームに生長。

> **MEMO**
>
> 双葉が大きくなったら定植。容器は、外側にアルミ箔シートを巻いて遮光しましょう。

チコリ

ヨーロッパでは、消化器系によい野菜として人気です。たくさんの種類があり、今回は13種類が混ざったミックスチコリを育てました。

栽培メモ

種袋には株間が30cm必要とありましたが、その1/10、3cmほどでの栽培にトライしました。直射日光が当たらない、涼しい場所で育てましょう。

栄養メモ

チコリがお腹の調子を整えるのは、食物繊維イヌリンを含んでいるから。イヌリンには悪玉コレステロールを減らし、心血管系の状態を改善する働きがあります。肝機能や腎機能を改善する効果も知られています。

種まき	発芽	定植	収穫
適温 15〜25度	2〜3日	20日	60日

 1

発芽させ、定植する

スポンジに種をまいて発芽させ(P.22 参照)、双葉が大きくなったら連結ポットへ定植します(P.36 参照)。培地はヤシ殻繊維とミズゴケの混合です。

連結ポットの底が、液肥に浸っている状態を保ちながら育てます。

 2

収穫する

密植させたままの栽培でしたが、立派な大葉に生長。生のままサラダにして食べました。有効成分は特に根に多く含まれるので、根も一緒に調理しましょう。

エンツアイ（空芯菜）

炒め物が絶品の中国野菜。暑さに強いので、夏にかけて育てれば、夏場のビタミンとミネラルの補給源になります。

栽培メモ

熱帯アジア原産なので、高温多湿をものともしません。逆に寒さに弱く10度を下回ると枯れてしまいます。液肥切れが大敵ですが、それさえ怠らなければ、どんどん増えます。茎の中心は文字どおり、空洞です。

栄養メモ

エネルギーの代謝を高めてくれるビタミンB群が豊富なので、疲労を回復し、夏バテを防いでくれます。汗とともに失われるミネラルも補給。抗酸化力も強いので、暑い夏を乗り切るのにもってこいの葉もの野菜です。

種まき	発芽	定植	収穫
適温20～30度	2～3日	20日	50日

1

種をまいて発芽させる

適当な容器に2.5cm角のスポンジを置き、その上に種を1粒ずつまいて発芽させます（P.22参照）。発芽したら、スポンジの高さの半分くらいまでの水分量を保ちます。

種はスポンジに1粒ずつ。

2

水耕栽培層に定植する

双葉が大きくなったら、スポンジ苗をお茶パックに入れ、水耕栽培層に定植します（P.25参照）。ダスターが液肥に浸っている状態を保ちながら育てます。草丈が20～30cmになったら収穫。

MEMO

ここでは、連結ポット（写真左、P.36参照）とお茶パック（写真右、P.25参照）で栽培しています。寒さに弱いので、栽培は温かい場所で。

コーラルリーフプルーム

からし菜の一種で、葉に水菜と同じような切れ込みが入っています。
レタスと一緒にサラダにすると、辛みがいい味のアクセントに。

栽培メモ

真夏に種をまいても立派に育ちます。
生食するなら繊維質が少ない、草丈
20cmくらいがおいしい。生長が早く、
種をまいてから1か月くらいで収穫
できます。

栄養メモ

β-カロテンとビタミンCが豊富で、
緑黄色野菜に分類。豊富に含まれる
カリウムが、血圧の上昇を抑えます。
ピリッとする辛みには、唾液や消化
液の分泌を促す働きが。貧血を予防
する働きもある健康野菜です。

種まき	発芽	定植	収穫
適温 15〜25度	2〜3日	15日	15日

 1

種をまいて発芽させる

適当な容器に2.5cm角のスポ
ンジを置き、その上に種を2
粒ずつまいて発芽させます
（P.22参照）。発芽したら、
スポンジの高さの半分くらい
までの水分量を保ちます。

2

水耕栽培層に定植する

双葉が大きくなったら、スポ
ンジ苗をお茶パックに入れ、
水耕栽培層に定植します
（P.25参照）。その後は、ダ
スターが液肥に浸っている状
態を保ちながら育てます。

MEMO

草丈が20cmになった
頃の、やわらかい葉を
摘みます。

わさび菜

からし菜の変種で、ピリッとした辛さが刺激的。ビタミンとミネラルの宝庫です。辛いために虫がつきにくく、育てやすいのが特徴。

栽培メモ

わさびの辛みで虫がつきにくく、生長も早いので、レタス同様育てやすいのが特徴。暑い時期は、必要以上に伸びすぎることもあるので株ごと収穫しますが、寒い時期には少しずつ摘み取りながらの収穫が可能です。

栄養メモ

辛さのもとは、イソチオシアン酸アリルという成分。抗菌作用があり、血流をよくする働きのほか、エネルギー代謝も高めます。β-カロテンや各種ビタミンを含んでいるので、活性酸素の害から体を守ってくれます。

種まき	発芽	定植		収穫
適温 15〜25度	2〜3日	20日		75日

スポンジ苗を育て、水耕栽培層に定植する

スポンジに種をまいて発芽させ（P.22参照）、双葉が大きくなったら水耕栽培層へ定植します（P.25参照）。ダスターが液肥に浸っている状態を保ちながら育てます。

プラコップの中のお茶パック苗。培地を使わないので清潔。

生長を見守る

プラコップが密植による葉の重なりを防ぎ、支柱の役割も果たしています。草丈15〜30cmが収穫の目安です。

第 3 章

花蕾、根菜。いろいろな野菜や果物を水耕栽培で

トマト

市販のトマトから採取した種と、前の年に採取・保存した3種類のトマトの種の計4種類を育てます。鈴なりトマトの育て方です。

🌱 栽培メモ

普通のトマト栽培では脇芽を摘みますが、わたしは脇芽を摘まずに、1本の茎を数本仕立てにします。脚立が届く程度の高さに育て、小さくても大量のトマトを収穫します。

🌿 栄養メモ

低カロリーでビタミンCやE、リコピンなどの抗酸化物質が豊富なトマト。がんの予防、糖の代謝やコレステロール濃度の改善が期待できる優れた食品です。

1

トマトを1個残す

トマトはパック詰めで売っていることが多いもの。熟れたおいしいトマトに出合ったら、1個を種採り用に残します。ここではミニトマトから種を採ることにします。

2

種を採る

ミニトマトを半分に切り、スプーンを使って種を採り出します。

ミニトマトは1/2個から採りますが、中玉の場合、種を採るのは1/4個から。

3

お茶パックに種を入れる

トマトから採った種を、果汁と一緒にお茶パックに流し込みます。数種類のトマトから種を採る場合、後から種類がわかるよう、お茶パックに種類や形状などを記入しておきます。

4

ぬめりを取る

お茶パックに水道水を注ぎ、種を包んでいるぬめりを取り除きます。このぬめりが発芽を抑えているので、しっかり取ること。種を流さないように注意しましょう。

できるだけ種だけにします。

5

乾燥させる

種が入ったお茶パックを新聞紙にはさんで一晩置き、新聞紙に水分を吸わせます。翌日、そのままスポンジに種まきするか、完全に乾燥させて来年用に保存します。

6

種をまく

適当な容器に2.5cm角に切ったスポンジを入れ、種をまきます（P.22参照）。まく種はスポンジ1個につき1粒。スポンジの半分くらいまで水を入れ、その後も水位をキープ。

7

前年の種もまく

この年は、前年に採取し、保存しておいた3種類の種もまくことにしました。まき方は85ページの6と同様。

前年、鈴なりに実ったトマト。

8

生長を見守る

トマトの種は3〜7日で発芽します。中央が1のミニトマト。左右は前年の3種類の種を数日遅れでまいたもの。

容器をトレイに乗せて温水に浮かべて温めると、発芽・生長を促します（P.123参照）。

9

連結ポットに植え替える

20日ほどして本葉が大きくなったら連結ポットに植え替え。底に切り込みを入れた連結ポット（P.37参照）の底にダスターを敷き、培地を底から1cmくらいまで入れます。

> **MEMO**
>
> 培地は、ヤシ殻繊維とミズゴケを半量ずつ混ぜたもの（P.45参照）。

10

苗を植え替え、液肥トレイにセットする

苗を連結ポットに置き、根元の周囲と上部を培地で覆い、培地で苗を支えるようにします。液肥トレイに底から1cmほど液肥を張り、連結ポット苗を置きます。その後も、同じ液肥量を保ちます。

連結ポットを入れた液肥トレイは、できるだけ日当りがいい暖かい場所に置きます。

11

栽培ポットに定植する

種まきから2か月ほど経ち、苗が15〜20cmになったらカゴ式水耕栽培装置に定植します（P.39参照）。5cmくらいの深さがあるトレイに液肥を1cmくらい張り、そこにカゴを置いて育てます。

12

支柱を立てる

定植と同時に、支柱を立てます。この時は上から吊るすタイプの支柱にし、見た目をすっきりさせています。

13

実がなる

定植後1か月ほどで、黄緑色の実がたくさんつき始めます。写真は、1のミニトマト。良好な生長です。

それから2週間ほどして、実が赤くなったので初収穫。

14

自動給水ボトルを設置する

液肥が早く減るようになったら、液肥を入れた自動給水ボトルを設置（P.41参照）。トレイの液肥ラインが下がると、自動給水ボトルから少しずつ補給されるシステムです。

15

収穫を楽しむ

栽培ポットに移植してから2か月半、4本の苗とも立派に生長。夏の間中、新鮮なトマトを毎日収穫できます。

夏野菜の主役は、やっぱりトマトです。

コラム

10種類のミニトマト詰め合わせから大量に収穫！

種を採って保存。

1パックに10種類入ったトマト詰め合わせを購入し、1種類ごとに種を採り出しました。お茶パックにトマトの形状などを書き込んで保存。翌年、種をまきました。10種類のうち8種類が発芽し、夏にはさまざまな種類のトマトを収穫できました。黒いトマトはインディゴローズという品種です。

翌年の栽培でこんなに収穫。その後も収穫が続きました。

ししとう

唐辛子の仲間で、辛みが少ないのが特徴。丈夫で育てやすく、毎日のように実が採れます。夏の間、長い収穫が楽しめます。

定植　　　　　　　　　　収穫

60日

栽培メモ

草丈が出るので、大きめのカゴを用意しましょう。葉が茂り、脇芽が多く出てくると、液肥の消費量が増えます。葉が茂りすぎたら、脇枝を切って風通しをよくします。

栄養メモ

正式名称は獅子唐辛子。辛みは少ないものの、新陳代謝を促し脂肪を燃焼させるカプサイシンが含まれています。ビタミンCが豊富なので疲労回復や、夏バテの予防をしてくれます。貧血予防にもよいそうです。

1

苗を定植する

育苗期間が長いので苗から育てるほうがベター。40ページを参考に、市販の苗を育苗ポットから引き抜いてカゴ式水耕栽培装置に定植します。培地はヤシ殻繊維とミズゴケの混合です。

MEMO

底から1cmほど液肥を張った液肥トレイに装置をセット。日当りがいい場所に置きます。

2

生長を見守る

生長すると液肥の消費量が増えるので、毎日チェックして液肥を補充。2か月ほどで初収穫でき、その後は毎日のように収穫できます。

収穫は開花から2〜3週間後。

ミニキャベツ

キャベツのミニチュア版ですが、それなりの重さがあります。害虫の
被害の少ない、秋まきがおすすめです。

🌱 栽培メモ

底から1cmほどの液肥を張った液
肥トレイで育てます。外葉が広が
るので、栽培面積を確保します。
ポットから抜き、培地の代わりに
ダスターを巻いただけの苗も、他
のキャベツと変わりなく生長した
のには驚きました。

🌿 栄養メモ

ビタミンU（キャベジン）を含ん
でいるので、弱った胃腸に効果あ
り。食物繊維が多く便秘予防にも。

 1

カゴ式水耕栽培装置に
苗を定植する

苗を購入し、カゴ式水耕栽培
装置に定植します（P.40参
照）。培地は、ヤシ殻繊維と
ミズゴケの混合。右の5つの
苗のうち、ひと苗は培地を使
わず、ダスターを苗に巻いて
育てることにしました。

ミニキャベツの苗はホームセ
ンターで購入。葉の色が濃い
ものを選びましょう。

 2

青虫と戦う

定植後1か月でここまで生
長。外で栽培すると青虫がつ
くので、見つけたらその都
度、捕殺します。特に、芯の
部分に虫が入らないよう注意
しましょう。

3

巻きを確認する

3か月ほどで巻きが始まります。水耕栽培の場合、巻きがまだ入らないこともありますが、のちに巻きが始まります。そのまま栽培しましょう。

最初は、写真のように巻きが入らなくても、最後には巻きます。

4

水耕栽培装置を暖かい場所に置く

カゴ栽培は寒さにさらされるので、北風が当たらない、できるだけ暖かい場所に水耕栽培装置を置きましょう。

5

葉に光が当たるよう工夫をする

生長して株が密集してくると光が当たらない葉ができます。液肥トレイを増やしたり、大きいものに交換してほとんどの葉に光が当たるようにします。

葉が増え、結球部分が重たくなると、茎が結球を支えきれなくなって曲がります。それでも問題なく生長します。

6

収穫する

4か月ちょっとでの収穫。培地の代わりにダスターを巻いた栽培方法でも、遜色ない出来上がりになることがわかりました。

MEMO

写真のように半分に切ると、巻きが入っていることがわかります。

オクラ

夏の暑さもへっちゃらのオクラ。3か月にわたる長い収穫が楽しめます。きれいに咲く花も堪能してください。

🌱 栽培メモ

オクラを水耕栽培するのは無理だろうと思っていましたが、元気に育ちました。黄色い花が咲いた時はとても感激。花が落ちた後のさやが生成して、オクラになります。

🌿 栄養メモ

独特のあのネバネバの正体は、ムチンやペクチンなど。血流をよくし、胃の粘膜を保護してくれます。

1

苗を水耕栽培装置に定植する

苗を購入し、株分けして3株にしました。水位ゼロの自動給水ボトル（P.43参照）をセットした水耕栽培装置に定植します（P.39参照）。培地はヤシ殻繊維とミズゴケ半々です。

MEMO

カゴ式のカゴの代わりに、ハイドロカルチャー用3号ポット3つをB5サイズのトレイに置いています。

2

花を確認する

定植してひと月半くらい経つと、朝、きれいな花が咲き、翌日に落花するようになります。花が落下した後にさやが残り、そのさやが生長してオクラになります。落花から1週間ほどで収穫できます。

花が落下した後のさや。ほとんどがオクラになります。

3

収穫する

その後、3か月間以上の収穫
が楽しめます。実がやわらか
いうちに収穫するのがコツ。

4

自動給水ボトルを増やす

液肥の吸い上げが激しくな
り、液肥切れするようになっ
たら、自動給水ボトルを2本
に増やしましょう。

5

収穫を楽しむ

収穫の最盛期は初収穫から2
か月後くらい。脇芽がどんど
ん出てきて花が咲き、オクラ
の数が増えます。種を採りた
い場合、大ぶりのオクラに麻
ひもを巻き付けて目印とし、
収穫しないでおきます。

6

種を採る

2週間ほど経ち、目印を付け
たオクラが十分に硬くなった
ら収穫。さやをむくと、中か
ら種が出てきます。

黒くなっている種を保存。

ゴーヤー

苦みが魅力のゴーヤーは、りんごと一緒にジュースにします。もちろん、チャンプルーもおいしい。緑のカーテンの定番を水耕栽培で。

🌱 栽培メモ

ゴーヤーを水耕栽培する人はほとんどいないでしょうが、我が家ではそれが夏の定番です。苗を4個100円の小さなカゴに入れ、土ではなく、保冷バッグに液肥を入れて育てます。

🌿 栄養メモ

ほかの果物や野菜と比べてビタミンCの含有量が突出して多く、加熱しても壊れない特徴があります。カルシウムや鉄分も豊富。

1

種をまく

連結ポットの底に切り込みを入れ(P.37 参照)、ポットの底に水切りネットを敷き、ポットの8割くらいまで培地を入れて種を置きます。その上に1cmくらい培地を被せ、1cmほど水を張ったトレイにポットを置きます。

トレイの水位を保ちながら育てると、3週間弱で、まいた4個の種がすべて発芽。

2

育苗する

本葉が出たら、トレイには水に代えて液肥を入れ、底から1cmほどの液肥量を保ちます。種まきから1か月ほどでこの大きさに。

種まき	発芽	定植		収穫
適温 25度以上	20日	20日		80日

定植し、保冷バッグに置く

ネットにからめられるほどつるが伸びたら、カゴ式水耕栽培装置に定植し（P.39 参照）、ネットを張ります。栽培装置を保冷バッグ（P.114 参照）の中に置き、底から 1 cmほどに液肥を張り、つるをネットにからませます。

MEMO

できるだけネットをピンと張ると、つるが伸びやすくなります。葉も密生しないので、うどん粉病の予防にも。

液肥切れに注意する

グリーンカーテンになる頃には、液肥の消費量が格段と増えます。そうなったら、保冷バッグの底から 3 ～ 4cmまで液肥を追加。それでも追いつかない場合は、自動給水ボトル（P.41 参照）を設置します。

MEMO

定植後、1 か月くらい経つと花が咲き、そこに小さなゴーヤーの実がつきます。

収穫する

果皮の緑色が濃くなり、いぼいぼがしっかりしてきたら収穫。長さ20cm前後が目安です。熟してくると黄色くなり、種の周りが赤く、果肉はやわらかくなるので、早めに収穫を。

コラム

縞うりも同じ方法で

ゴーヤーと同じように、苗を水耕栽培装置に定植し、保冷バッグに入れて育てます。わたしはつるをネットに這わせましたが、普通はつるを地に這わせて栽培するようです。

丸々太った縞うりが採れました（いちばん右）。

かぼちゃ

ビタミンの宝庫であるかぼちゃ。水耕栽培でも、ホクホクのかぼちゃがつくれます。立体栽培にすれば、ベランダなどでも栽培可能。

栽培メモ

水耕栽培でかぼちゃが育つか実験。つるが伸びていく場所がないのでビニールハウスの棚からつるを垂らしました。小型ながら、おいしいかぼちゃができました。

栄養メモ

粘膜や皮膚を強くするβ-カロテン、感染症を予防するビタミンCが豊富なので、風邪などの感染症予防に効果的。体が酸化するのも防いでくれます。

1

液肥の中に育苗ポットを浸す

かぼちゃは市販の苗から育てます。市販のかぼちゃの苗は本葉が4〜5枚に生長していることが多いので、すぐに定植します。定植できない場合は、液肥の中に育苗ポットを浸しておきます。

2

水耕栽培鉢をつくる

ここではプラスチック製のポットを水耕栽培用に加工しています。液肥の吸い込みと通気を兼ねる穴を、ポットの底と、底に近い側面の周囲に半田ごてを使って開けていきます。キリの先を火で熱して開けてもOK。

つくった栽培鉢に水切りネットを敷き、培地を入れて苗を置きます。苗のまわりと上部を培地で覆います。

3

鉢をトレイに設置する

深さ1cmほどの液肥を張った液肥トレイに、2の鉢を設置。右の苗の培地はパーライト（P.45参照）、左はヤシ殻繊維とバーミキュライトの混合です。

かぼちゃは光を好むので、ベランダや庭の日当りのいい場所で育てましょう。

4

つるを垂らす

かぼちゃのつるは、地を這って伸びていきます。家庭ではそれだけのスペースがとれない場合が多いので、鉢を棚などに乗せ、つるを垂らす立体栽培にします。葉が重ならないようにすれば、うどんこ病も予防できます。

かぼちゃは液肥を大量消費するので、自動給水ボトル（P.41参照）を利用すると便利です。

5

受粉させる

写真のように、蜂に受粉してもらうこともできますが、ベランダなどでは、人工授粉の方が確実。雌花が咲いたら、雄花から花びらをすべて取り除いて、それを雌花の柱頭にこすりつけます。

雌花の下には写真のように小さな実があります（雄花にはない）。花びらの下部分がふくらんでいるのも、雌花の特徴。

6

収穫する

ヘタが白くなってコルク状になるのが収穫の目安です。この時は400gの実を収穫。

スナップえんどう

さやごと食べられ、料理への応用もさまざま。日当りがいいフェンス
などがあったら、スナップえんどうを立体栽培しましょう。

栽培メモ

育てる場所がないので、根が地べ
たを這わない空中栽培を考え出し
ました。肉厚に育つスナップえん
どうは、塩ゆでにしてビールと一
緒にいただくと最高です。

栄養メモ

さやと豆を一緒に食べるスナップ
えんどう。タンパク質、β-カロテ
ン、ビタミンB類やCのほかに、カ
リウムや食物繊維が同時に摂れる
優れた食品です。

1

種まきの準備

適当な容器にスナップえんど
うの種を入れ、水をひたひた
に入れます。ティッシュ1枚
を上から被せ、3～4日待て
ば、根が出ます。

2

液肥トレイにセットする

お茶パックに培地を底から3
～4cm入れます。そこに、根
が出た方を下にして4粒ずつ
種を入れ、上から培地で覆い
ます。底から1cmほどの液肥
を入れた水切りトレイに並
べ、その液肥量を保ちます。

そのまま、水切りトレイで育
てます。培地はヤシ殻繊維＋
ミズゴケがいいでしょう。

98

種まき	発根	定植		収穫
適温 18〜20度	3〜4日	15日		60日

3

苗をホルダーに入れる

左ページ右下の写真くらいまで育ったら、遮光のために、お茶パック苗の根の部分にアルミ箔を巻きます。缶ビールホルダーを用意し、ホルダーひとつにつきお茶パック苗を4つ入れ、ホルダーごと液肥トレイに浸します。

ビール缶ホルダーに苗をセットし、液肥トレイに浸します。

4

苗を吊るす

すごい勢いで生長を始めるので、そのままだと手に負えなくなります。缶ビールホルダーを液肥トレイごとレジ袋に入れ、S字フックにひっかけ、フェンスなどに吊るします。日当りがいい場所に設置します。

つるが出てきたら、きゅうり用ネットなどにからませます。

5

収穫する

定植後、2か月が過ぎる頃には、つるがフェンスを超えるほどに生長。この頃から、立派なスナップえんどうが大量に収穫できます。

コ・ラ・ム

ビールの空き缶で
スナップえんどうを育てる

底に、液肥用の穴をたくさんあけます。

お茶パックを敷き、培地を入れます。

縦半分に切ったペットボトルを液肥トレイにします。

ビール缶のふたの部分を丸く切り取り、底に穴をあけ、中にお茶パックを敷き、培地を入れます。そこに根が出た種を置き、培地で覆います。ここでは、2ℓのペットボトルを液肥トレイに利用しています。後は上の4と同じ作業をします。

さやいんげん

栽培面積はB5サイズ。狭いスペースでさやいんげん30株を栽培します。3〜4回の収穫が可能で、わたしは7回収穫したことも。

栽培メモ

パーライトを使った水耕栽培は非常に育てやすく清潔。発芽して双葉になると、『ジャックと豆の木』で描かれている草勢が体験でき、楽しい栽培になります。

栄養メモ

多種類のビタミンとミネラルを含んでいるバランスがいい野菜です。9種類ある必須アミノ酸もすべて含有し、しかも低カロリー。

1

種をまき、発芽させる

お茶パックにパーライトを入れ、種を2粒ずつまき、パーライトで種を覆います。水切りトレイに置き、表面のパーライトが湿るまでトレイに水を入れます。日の当たる窓際に置くと数日で芽が出ます。
※写真は種まきの2日半後。

パーライトの量は50〜60㎖。乳酸菌飲料の容器を計量カップにし、同量を入れると均一の栽培層ができます。

2

根のケアをする

パーライトに潜り込めず、表面に出ている白根があったらパーライトを被せます。小さな穴を掘り、根を下にしてそこに入れてもOK。

種まき	発芽		収穫
適温20〜25度	2〜3日		60日

3

水から液肥に切り替える

10日ほどして本葉が出たら、水から液肥に切り替えます。底から1cmほどの液肥量を保ちます。写真は15日目。B5サイズの水耕栽培層で、30株の苗を育てています。

4

花とさやを確認する

葉が茂り、蕾がついて花が咲きます。その咲いた花の中から、いんげんのさやが出てきます。10日ほど経つと10cm以上のさやいんげんになり、そのあたりから収穫できます。

栽培層を窓際に置けば、グリーンカーテンに。100円グッズのネットを利用しています。

5

収穫する

種をまいて2か月で、さやいんげんが鈴なりになります。

6回収穫して撤収。1回につき、写真くらいの量を収穫。

コラム

撤収後も収穫が続くことも

6回目の収穫の後、撤収。

8月6日。新しいいんげんが。

6月16日に収穫、撤収した後、株元からわき芽が出てきたので、ありあわせのトレイに液肥を張り、その中に株の切り口を浸けておきました。すると、花が咲き、8月初旬には再びさやいんげんが収穫できました。

枝豆

露地栽培だと3か月かかりますが、水耕栽培ならおよそ2か月で食卓に！未成熟の大豆が枝豆なので、収穫タイミングを逃さないように。

栽培メモ

市販の枝豆の苗を20株買い、お茶パックに移植。ヤシ殻繊維とバーミキュライトの混合培地を隙間に入れての水耕栽培です。液肥の消費量が多いので、マメに補充しましょう。

栄養メモ

未成熟なため、豆類ではなく野菜に分類される枝豆。豆と緑黄色野菜両方の栄養素を含んでいて、タンパク質や脂質、ビタミン・ミネラル類をバランスよく摂ることができます。

定植　　　　　　　　　　収穫

60日

1

水耕栽培層にセットする

大型のお茶パックに培地を底から1cmの位置まで入れます。育苗ポットから苗を引き抜き、土ごとお茶パックに入れ、上から土が見えなくなるまで培地で覆います。

MEMO

液肥を入れたトレイにプラスチックのカゴをセットし、お茶パック苗を並べます。液肥は、深さ約1cmをキープ。

2

ホルダーで囲って栽培する

茎が伸び、葉が増えたら、葉のしなだれを支える高さで、液肥トレイを囲める長さに段ボール箱を切ります。液肥トレイを囲んでガムテープなどで留めます。

2か月ほどで収穫できます。さやがふくらみきる前の未成熟状態で収穫するのがコツ。

かぶ

トレイに培地を敷き、お茶パックの中でかぶを育てる少し変わった栽培法です。狭いスペースですが立派なかぶができます。

栽培メモ

プラコップには、スポンジの半分の高さまで培地を入れて育てます。培地はヤシ殻繊維とバーミキュライトの混合。かぶの場合、B5 サイズに 12 株だと密植し過ぎなのか、あまり大きく育たなかった株もあります。しかし、葉が大量に収穫でき、みそ汁のおいしい具になりました。

栄養メモ

根にはでんぷんを消化する酵素であるアミラーゼが豊富で、整腸作用があります。葉にはβ‐カロテン、ビタミンCが。

種まき	発芽	定植	収穫
適温 20〜25度	2〜3日	20日	60日

1

水耕栽培層に苗をセットする

水切りトレイのザルの上に水切りネットを敷き、その上に培地を 5 mm敷きます。大きめのお茶パックに底を抜いたプラコップを入れ、スポンジ苗（P.22 参照）を置き、その周囲を培地で覆います。

（P.22 参照）

MEMO

大きめのお茶パックにプラコップを入れることで、密植栽培が可能になります。トレイに敷いた培地の中で根が伸びます。

2

収穫する

培地が浸るくらいの液肥量を保っていると、定植後 2 か月ほどで収穫ができます。株の先にスポンジが残っていて、そこから根が伸びています。かぶは 6 cmほどの大きさ。

上から見ると栽培層が見えないほど青々と茂った葉。栄養たっぷりでおいしい。

じゃがいも

芽が出たじゃがいもをキッチンの片隅で発見。それを種いもに水耕栽培です。じゃがいも100日と言いますが、それより早く収穫できます。

栽培メモ

台所の野菜カゴの中に、少ししなびたじゃがいもがあり、芽がしっかりと出ていました。水耕栽培でじゃがいもがどう育つか、最初に実験した時の記録です。

栄養メモ

加熱しても壊れにくいビタミンCや、高血圧を予防してくれるカリウムが多く含まれています。カロリーはお米の半分なので、ヘルシーな主食にも。

1

種いもを
水耕栽培装置に植える

カゴ式水耕栽培装置をつくり（P.39 参照）、上のふちまで培地を入れます。中央に穴を掘って芽が出た種いもを植え、液肥を入れたトレイに置きます。※芽は3〜4個出ていてもかまいません。

種いもの上にも培地をかけ、芽だけを外に出します。

2

葉を生育させる

液肥をトレイの底から1cmほどに保っていると、10日ほどで葉が出てきます。そのまま2週間ほど育て、葉が大きくなったら定植します。

適温 18〜20度	定植	植え替え	収穫
		35日	80日

3

移植する

ここでは通気性がある着古したGパンに種いもを移植します。まず、Gパンを股下5cmのところでカットし、脚部分を縫い合わせます。培地を股上5cmほどのところまで入れ、苗を置き、葉の根元まで培地で覆います。

水耕栽培装置に使ったカゴが大きければ、そのまま育ててもかまいません。

4

支柱を立てる

葉が茂ると風で倒れやすくなります。支柱を立て、ゴザなどを風よけに。しばらくすると、地味な花が咲きます。

じゃがいもが大きくなると培地から顔を出す時があります。その都度、培地で覆ってやりましょう。

5

収穫時期を見計らう

花が枯れ、葉も枯れてくると収穫時期です。種いもを植えてから70日ほど経ったら、根元を掘り返して出来具合を確認します。未成熟の場合は、再度、培地で覆います。

6

収穫する

80日で収穫。大きなじゃがいもは10cm以上にも。小さなじゃがいもは、塩ゆでやバター炒めにすると美味。

いもが傷つかないよう気をつけながら、根元から茎部をハサミで切り落とします。掘り起こして収穫します。

男爵とメークイン

培地を使えば、さまざまないも類を水耕栽培できます。ホクホクした
男爵と、煮くずれしにくいメークインの2種類を育てます。

栽培メモ

種いもを買わなくても、食用のいも
でOK。いもが小さかったら芽が出た
ところを上向きにします。大きないも
は半分に切り、切り口を太陽に半日く
らいさらして消毒しましょう。男爵と
メークインの2種類を育てると、まっ
たく違う食感が楽しめます。

定植 　　　　　　　収穫

適温
18〜20度

80日

栄養メモ

ビタミンC、カリウムのほかにペクチ
ンという食物繊維が含まれ、胃腸の
働きを改善し、便通を助けます。

1

水耕栽培鉢で育てる

じゃがいも（P.104 参照）と同
じように、種いもから育てて
もいいし、苗を購入して育て
ても OK。本葉が出たら、カ
ゴ式水耕栽培装置に定植しま
す（P.39 参照）。培地はヤシ
殻繊維とミズゴケの混合。

MEMO

水耕栽培装置に入れる
培地は、底から3cmく
らい。いもを入れたら
培地で覆います。

2

収穫する

花が咲き終わって葉が枯れて
きたら収穫。こちらはメーク
イン。楕円形のいもがたくさ
んできました（このページの
上の写真の丸いいもが男爵）。

葉が枯れ、液肥を吸わなく
なったら収穫タイミング。

茎ブロッコリー（スティックセニョール）

花蕾だけでなく、茎も食べるタイプのブロッコリー。丈夫なので栽培しやすく、真夏を避ければ、元気に育ちます。

定植 ─────────→ 収穫

50～60日

栽培メモ

市販の苗を使います。トップヘビーになるので、ポットを安定させるのが大変です。茎ブロッコリー（スティックセニョール）は水耕栽培にはやや不向きに見えますが、どこまでやれるか試してみました。

栄養メモ

ブロッコリーと中国野菜の芥藍（カイラン）をかけあわせてできたのがスティックセニョール。ビタミンCがレモンの2倍も含まれています。ミネラルも豊富。茎や葉にも栄養が多いので、ゆでていただきましょう。

1

定植する

苗を水耕栽培装置に定植します（P.39参照）。ここでは市販のポットの底と側面に、半田ごてなどで穴を開けています。培地はヤシ殻繊維とミズゴケの混合。液肥量をトレイの底から1cmに保ちます。

側花蕾を増やすため、主枝の花蕾が500円玉くらいになったら切り落とします。

2

収穫する

定植後50～60日、高さが20cmくらいになったら収穫。収穫時期を逃すと、花が咲いて味が落ちてしまいます。ひと株から20本くらいを、3か月ほどかけて収穫しました。

MEMO

付け根の葉を2枚残しながら収穫すると脇芽がたくさん出てきて、収穫量が多くなります。

ミニカリフラワー

秋から育て春に収穫する品種が多く、収穫まで4〜5か月かかります。おひたしにしたり、マヨネーズをかけたりして食べると美味。

栽培メモ

ミニカリフラワーを種から水耕栽培で挑戦。露地栽培より時間がかかりましたが、白い花蕾を発見した時には本当に感激しました。

栄養メモ

ビタミンCが豊富で、100g食べれば、成人の1日の必要量を満たします。ゆでてもビタミンCがあまり減りません。β-カロテンはブロッコリーの1/50と少なく、そのため淡色野菜に分類されます。

種まき	発芽	定植	収穫
適温 15〜30度	2〜3日	15日	150〜170日

1

定植する

スポンジに種をまき（P.22参照）、2週間ほどして双葉が大きくなったら連結ポットに移植し（P.36参照）、カゴ式水耕栽培装置に定植します（P.39参照）。培地は、ヤシ殻繊維とミズゴケの混合。

MEMO

トレイに1cmほど液肥を張って育てます。

2

収穫する

液肥切れすると花蕾が小さくなるので、収穫まで液肥を切らさないようにします。花蕾が10cmほどになったら収穫。収穫時期が遅れると、花蕾に隙間ができて味が落ちるので注意しましょう。

白い花蕾を確認したのは、定植して4か月後。

小玉スイカ

夏といえば、シャキシャキ甘くおいしいスイカ。スイカは高温と乾燥を好むので、日当りのいい場所で育てましょう。

栽培メモ

市販の苗からスイカを水耕栽培します。場所がないのでトマトの雨よけビニールハウスに板を渡し、その上にカゴ式水耕栽培装置を設置。つるは雨よけ板に這わせることにしました。水耕栽培でスイカができるか半信半疑だったので、実がなった時は驚きました。

栄養メモ

ほとんどが水分で低カロリー。夏のほてった体を冷やし、利尿を促し、腎臓の働きをよくしてくれます。強い抗酸化力を持つリコピンが豊富。

定植 ＞ 収穫 90日

1

定植する

市販の苗をカゴ式水耕栽培装置に定植（P.39 参照）。定植するまでは液肥トレイに浸けておきます。トレイに1cmほど液肥を張って育てます。

MEMO

ベランダなどで育てる時は、人工授粉が確実です（P.97 参照）。花は昼前に閉じるので、午前中に人工授粉しましょう。

2

つるが切れない工夫をする

スペースがなかったので、トマトの雨よけビニールハウスの上に板を渡し、そこに水耕栽培装置を置いて立体栽培。重さがあるスイカはネットに包んで吊り下げ、つるが切れないようにしました。

およそ3か月後に収穫。500グラムの重量がありました。

ミニにんじん

水耕栽培であっても、種まきから収穫までに時間がかかるにんじん。
観葉植物にもなるので、楽しみながら気長に育てましょう。

栽培メモ

種まきから発芽まで、待つことが大切。初めて栽培した時は、途中であきらめてしまいました。しかし、種から緑の糸のようなものが出てきて、それが芽だと気づきました。

栄養メモ

β - カロテンが豊富で、緑黄色野菜の王様と呼ばれています。造血作用があるので貧血を改善し、高血圧を予防したり、歯や骨を強くする働きが期待できます。

1

種をまいて育てる

スポンジに種をまき(P.22参照)、発芽させます。発芽したらスポンジごと容器に並べ、培地で覆います。葉の長さが3cm以上になったら定植します。定植前は水で育て、定植後は液肥で育てます。

MEMO

種まきから発芽まで10日〜1か月かかるので、気長に待ちましょう。ここでの培地はバーミキュライトですが、ヤシ殻繊維とミズゴケの混合でも。

2

栽培ポットをつくり定植する

容量1ℓの容器ふたつを重ねる栽培ポットをつくります。それぞれの底面と底の角に液肥吸い込み用の穴をたくさん開け、それぞれに培地を入れます。上の容器にスポンジ苗9個を並べ、培地で覆い、容器を上下に重ねます。

MEMO

上になる容器には10cm、下になる容器には2cmほど培地を入れます。

種まき	発芽	定植	収穫
適温 15〜25度	10日〜1か月	20〜40日	80〜100日

3

葉が生い茂るまで待つ

液肥を深さ1cmほど張った液肥トレイに2の容器をセットし、液肥量をその後も保ちます。最終的には50cmほどにもなる葉は、時間が経つと竹林のようになって、なかなか趣きがあります。

4

葉先が変色したら収穫時期

種をまいて2か月半〜3か月。葉が生い茂り、葉先が黄色く変色してきたら収穫時期。葉も食べられるので、変色が進まないうちに収穫を。

5

ひと株抜いて確認する

にんじんが育っているか、ひと株抜いて確認します。収穫したら、水洗いして培地を洗い流し、スポンジも外します。

種を直まきする

培地に直まきしても栽培できます。

種は直まきでもOK。その場合、深さがある容器を用意し、底にたくさんの穴を開け、内側に水切りネットを敷き、培地をふちいっぱいまで入れます。その培地に種を直にまきます。液肥トレイには最初は水を入れ、葉が3cm以上になったら液肥に変えます。

なす

水耕栽培がしやすいなす。今回は、水なす、長なす、米<ruby>なす<rt>べい</rt></ruby>なすの3種類を育てました。夏の間中、みずみずしいなすが収穫できます。

🌱 栽培メモ

なすの水耕栽培法はインターネットで見つけることができなかったので、ゴミ箱で大きめの水耕栽培装置をつくってチャレンジ。液肥の吸いっぷりに驚きながらも、立派ななすを収穫できました。

🌱 栄養メモ

体から余分な熱を取る夏の食べ物。ナスニンというポリフェノールを含んでいます。

1

定植する

水なす、長なす、米なすの苗を購入。水なす、長なすは、すでに花が一輪咲いています。ヤシ殻繊維とバーミキュライトの混合培地を鉢の半分くらいまで入れ、苗を置き、培地で覆います。それを液肥トレイに設置。

MEMO

ここでは、カゴではなく鉢で水耕栽培装置をつくっています。鉢の底に半田ごてかキリでたくさんの穴をあけるほかは、カゴ式（P.39参照）と同じ。

2

レンガで重しをする

液肥を深さ1cmほどに保っていると、2週間ほどで苗が大きくなり、花や蕾がたくさんできるようになります。風などで倒れると蕾がだめになるので、装置の上にレンガなどの重しを乗せています。

MEMO

この頃支柱を立てます。

3

水なすと長なすを収穫する

およそ1か月で水なすと長なすを収穫。写真ではよくわかりませんが、この時点で、葉も大人の手のひらの倍以上になっていて、液肥の吸収が加速しています。

4

液肥切れに注意する

暑い日は、朝、液肥トレイに液肥を満タンに入れておいても、夕方には液肥が切れ、ぐったりしてしまうことがあります。なすのように葉が大きい植物で起こりやすい現象です。自動給水ボトル（P.41参照）を使いましょう。

しなだれても、早めに液肥を与えれば、3時間ほどで完全復活。

5

米なすを収穫する

長なす、水なすに遅れること10日で米なすも収穫。未成熟で、果肉がやわらかい段階で収穫するほうが、おいしく食べられます。成熟すると皮につやがなくなり、味も落ちるので早めの収穫を。

6

収穫を楽しむ

9月下旬までの長い収穫が楽しめます。なすの実は90%以上が水分。日差しを好むものの、乾燥には弱いので液肥切れに注意しましょう。

20cmまで生長した長なす。ぬか漬けにしました。

きゅうり

もともと生育スピードが早いので、水耕栽培だと苗から3週間で食卓に。2株育てれば、毎日、数本のきゅうりが収穫できます。

栽培メモ

市販の苗からなら、自宅のベランダですぐに水耕栽培が始められます。ここで工夫したのが、保冷バッグを液肥トレイの代わりにすること。ふたをすれば雨よけになるので、緑のカーテン用に最適です。

栄養メモ

世界一栄養価が低い野菜としてギネスブックに登録されているそうですが、利尿を促し、むくみの改善も期待できます。

 1

保冷バッグに
カゴ式栽培装置を入れる

100円グッズの保冷バッグが、カゴ式水耕栽培装置（P.39参照）の液肥トレイの代わりに。苗をカゴにセットし、保冷バッグの中に置きます。保冷バッグの底に液肥を入れます。

MEMO

保冷バッグの側面の上から半分くらいの位置まで、つる用の切れ込みを1本入れます。カゴ内への混合培地の入れ方は、カゴ式水耕栽培装置に準じます。

2

保冷バッグから
つるを出す

この定植時に、茎（つる）を葉ごと切り込みから出し、液肥に光が当たらないように上部を折ります。これで雨水も防止。保冷バッグをブロックの上に置きます。

MEMO

保冷バッグをブロックの上に置くことで、地を這う虫の虫除けにもなります。

3

つるをネットに絡ませる

さらにつるが伸びたら、ネットにからませます。葉が多くなると液肥の消費が激しくなるので、液肥切れしないよう注意します。

MEMO

きゅうりの葉もグリーンカーテンになります。

4

根の状態を確認する

保冷バックの底には白い根がびっしり。ここから盛んに液肥を吸い上げ、葉が生い茂り、黄色い雄花がたくさん咲きます。雌花も咲き、雌花からキュウリができます。

MEMO

光が遮断されていれば、根は写真のようにきれいな白色になり、藻が発生することはありません。

5

収穫する

3週間ほどで初収穫。それ以降はしばらくの間、きゅうりを収穫できます。ひと株から50本収穫できることも。

コラム

つるは地を這わせても

コンクリートの上に這わせる横着栽培でもOK。

つるをネットにからませるのが面倒で、そのまま地に這わせる横着栽培をしたことがあります。不揃いなへぼきゅうりになりましたが、おいしさは変わらず。

パパイヤ

沖縄で買ってきたパパイヤから、種を採って育てることに。亜熱帯気候で育つパパイヤが、神奈川県の我が家で育つでしょうか?

栽培メモ

真夏にパパイヤを食べようとした時に、ふと、これも水耕栽培できるかもと考えました。そこで種を採取し、乾燥させ、すぐにまくことに。大きく、大きく育ちました。

栄養メモ

肝臓の解毒酵素の働きをよくしてくれるデトックスフルーツ。タンパク質を消化するパパインと呼ばれる酵素も含まれています。ビタミンCの含有量もレモンに匹敵。

1

種をまく

種を100粒くらい採り(P.84参照)、日陰で2～3日乾燥。水切りトレイに水切りネットを敷き、培地を入れます。種を直まきし、培地で覆います。表面が湿るくらいの水を注ぎ、毎日の水やりで水分を保ちます。

種をまいて20日後に芽を発見。その後、次々と発芽しました。しかし、発芽に1か月以上かかった種も。

2

定植して育てる

双葉が大きくなったら市販の栽培ポットに定植。培地は、ヤシ殻繊維とバーミキュライトの混合です。栽培ポットを液肥トレイにセットし、液肥を底から1cmほど張り、その液肥量を保ちます。

MEMO

ポットの底と底部に近い側面に、半田ごてか熱したキリで穴をたくさん開けます。水切りネットを底に敷き、培地を入れ、苗を置き、表面を培地で覆います。

3 越冬させる

亜熱帯に育つパパイヤにとって寒さは大敵。冬が近づいたので、部屋の中で越冬させることに。冷たい窓に当たった葉は、変色して枯れてしまいました。樹丈が80cmになり、ポットから少し大きめの鉢に移植しました。

MEMO

鉢には液肥用の穴を開けます（P.96参照）。液肥トレイの中の液肥は深さ1cmに保ちます。

4 屋外で育てる

翌年の暖かくなった頃には1.6mほどの樹高となり、室内栽培が不可能になりました。玄関先に移動したところ、生長が加速。葉は40cmほどの大きさに。

5 花が咲く

初秋に花が咲いた後、実がなりました。右上の花の下、花が落ちた後のガクの中に実が見えます。

ガクの皮が取れ、実がはっきりと現れました。

6 実がなる

調べたところ、葉の付け根に1個実がつくハワイアン・シングルパパイヤという品種でした。実はLLサイズの卵の大きさに、葉は大人が手を広げたほどの大きさに育ちました。

家庭用の園芸鉢にこんなに太い幹が育ちました。幹の太さを隣のレンガと比べてみてください。

ラディッシュ（二十日大根）

小さな大根、ラディッシュは、長く伸びる葉も食べられます。二十日
大根と呼ばれるように、生長の早さが特徴です。

🌱 栽培メモ

ラディッシュは何度も育てましたが、この時は、厳しく冷え込んだ元旦の種まきでした。そのため、保温装置（P.122）のお湯の上にトレイを浮かべて栽培。収穫までに1～2か月かかりましたが、出来栄えは見事でした。

🌱 栄養メモ

でんぷんを分解するアミラーゼ、タンパク質を分解するプロテアーゼ、脂肪を分解するリパーゼを含み、消化吸収を助けてくれます。胃腸の細胞を修復する葉酸も豊富。

種まき	発芽	定植	収穫
適温 15～25度	7日	7日	30～60日

1

種をまいて発芽させる

スポンジに種をまき（P.22参照）、発芽させます。およそ2週間で双葉になったらお茶パック苗にして、水耕栽培層に定植します（P.25参照）。

> **MEMO**
>
> 底に穴を開けたプラコップの内側に水切りネットを敷いて、お茶パック苗を置き、苗の周囲を培地で覆っています。

2

収穫する

二十日で収穫とはいきませんが、定植後、およそ1～2か月で収穫できます。長さが8～10cmにもなります。

赤のラディッシュも同じように栽培できます。スポンジを裂くほどの勢い。

芽キャベツ

ビタミンＣが豊富な芽キャベツ。茎に球ができるおもしろい野菜です。高温多湿を嫌い、虫もつきやすいので、寒い時期に育てました。

定植　　　　　　　　　　収穫

200日

栽培メモ

苗を小さなカゴに移植した時からトップヘビーで不安定だったので、大きなプラコップを縦半分の高さに切り、その上半分を使って支えにしました。茎が伸びると、茎の周囲に芽が出て、芽キャベツになります。収穫まで半年もかかりましたが、初めてにしてはまあまあの出来です。

栄養メモ

ビタミンＡ、Ｃ、Ｅなどのビタミン類、マグネシウムやカルシウムなどのミネラル類、加えて食物繊維も多く含む栄養豊富な野菜です。

水耕栽培装置に定植する

９月初めに市販の苗を購入。カゴ式水耕栽培装置に定植しました（P.39参照）。培地はヤシ殻繊維とバーミキュライトの混合。苗が倒れないよう、大きなプラコップを支えにしています。

MEMO

液肥トレイに深さ１cmの液肥を張り、その液肥量を保ちます。日当りと風通しがいい場所で育てるのがコツ。

収穫する

草丈が60〜70cmまで生長するので、不安定になったら、転倒防止の重しを液肥トレイに置きます。芽キャベツが写真の大きさになってから１週間で収穫しました。

MEMO

さらに安定させるために、茎の上部をひもで緩く結わえ、上から吊るす状態にしました。

生長が早い！　色づきがいい！

簡易ビニールハウスを使った
屋外栽培

水耕栽培の野菜は、窓際で育てても十分大きくなりますが、ベランダや庭で屋外栽培すると、生長が早く、色づきよく育ちます。屋外栽培では、雨水が液肥に入らないよう屋根が必要になるので、簡易ビニールハウスの設置がおすすめ。簡易ビニールハウスを使った水耕栽培のやり方を紹介しましょう。

屋外栽培と屋内栽培の違い

最初に、屋外栽培と屋内栽培で、野菜の生長にどれほどの違いがあるか見てみましょう。同じ日に定植し、同じ日数が経ったガーデンレタスミックスと赤チマサンチュを比較します。どちらも、左が屋外、右が屋内（窓際）です。屋外栽培の方が、生長が早く、色づきがよいのがわかります。

ガーデンレタスミックス。屋外（左）、屋内（右）。

赤チマサンチュ。屋外（左）、屋内（右）。

簡易ビニールハウスを利用する

ホームセンターなどで手に入る簡易ビニールハウスは、4000〜5000円くらいからあり、サイズにもよりますが比較的安価です。ビニールハウスを設置する上で忘れないでほしいのが、底部にブロックやレンガなどを置き、重しにすることです。重しがないと、風が強い日に倒れてしまいます。台風が近づいている時などは、水耕栽培層を屋内に避難させ、ビニールのカバーも外しましょう。

簡易ビニールハウスに水耕栽培層を置く時のポイントは、上段では栽培層を棚の奥、中段では真ん中、下段では手前に置いて、陰ができるのを減らし、すべての栽培層に日光が届くようにすることです。葉が小さい栽培層を上段に、葉が茂った栽培層を下段に置くといいでしょう。

簡易ビニールハウスに、水耕栽培層をセットしたところ。底部に重しのブロックが見えます。

台風が近づいたら、ビニールのカバーを外してフレームと重しだけにします。

上段では棚の奥、下段では棚の手前に栽培層を置きます。

防虫対策

屋外の栽培では、防虫対策も必要。防虫対策はP.46で紹介した防虫ネットカプセルを専ら利用しますが、プラコップひとつずつにストッキングをかぶせるのもよい方法です。ストッキングを使う場合、苗の生長にあわせてストッキングを上方に広げれば、葉がかなり大きくなるまで対応できます。

基本は防虫ネットカプセル。

プラコップひとつひとつに、ストッキングをかぶせるやり方も効果的。

苗の生長にあわせて、ストッキングを上方に広げます。

暑さ対策は、遮光ネットで

夏の強すぎる日差しと、冬の寒さは野菜栽培の大敵。照りつける日差しは、市販の遮光ネットで防御。直射日光が降り注ぐビニールハウスの天井と南側面に遮光ネットを掛け、日差しを避けます。遮光ネットの一部を切り、防虫ネットカプセルに被せてもよいでしょう。冷房が効いた部屋での窓際栽培に切り替えることも。

ビニールハウスの天井と南側面に遮光ネットを掛けます。

防虫ネットカプセルに、遮光ネットを被せてもOK。

寒さ対策は、観賞魚用のヒーターで

次に寒さ対策です。観賞魚用のヒーターとエアー発生装置を利用した保温装置を使うと、真冬でも、ビニールハウス内を野菜栽培に適した温度に保つことができます。気温が10度を下回る日が続く時は、この保温装置を使います。

棚のいちばん下に写真のようなバンジュウを置き、ふちまでたっぷり水を張り、観賞魚用のヒーター（150W）を入れて水を温めます。水温を25〜30度に設定してビニールハウスを閉めると、外気温より、4〜10度温かくなります。加えて、エアー発生装置を使って水を動かし、バンジュウ内の水温を一定にします（エアーを使わないとヒーターの上部の水だけが温まってしまいます）。

水温と外気温の差が大きいと水の蒸発が進み、翌日には水位が下がるので、減った分の水を加えましょう。バンジュウ内に藻が発生した場合、水を捨ててスポンジでバンジュウを洗い、水を入れ替えます。

バンジュウに水を張って、観賞魚用のヒーターで温めます。

ビニールハウスを閉めると、ハウス内が温かくなりますが、一方で湿気がたまり、結露します。そのため、外気温が上がる昼間はビニールハウスを開けて、湿気を逃がすようにします。

ビニールハウスを閉めると、外気温との差で湿気がたまります。

外気温が上がる昼間はビニールハウスを開け、湿気を逃がしましょう。

比較的温暖だといわれるわたしが住む神奈川県でも、冬の寒い日は、朝の8時になっても氷点下の時があります。しかし、温水の設定温度を30度にした簡易ビニールハウスの中は、プラス8度に保たれています。温度差が10度もあります。

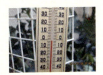

外は氷点下2度！

ビニールハウス内はプラス8度。

保温装置を発芽器にする

寒い時期には、スポンジに種をまいてもなかなか発芽しませんが、ビニールハウス内の保温装置を、発芽の促進に利用することができます。保温装置の上にふたつきのプラスチックの容器を浮かべ、その中に種をまいたスポンジを置いてふたをすると、温水の温かさで発芽が促されます。

保温装置に白い容器が浮かんでいます。

保温装置のおかげで、見事に発芽。

いつでもレタスが食べたくて

　現在のわたしのブログタイトルは「いつでもレタス」ですが、最初は「いつでもレタスが食べたくて」というタイトルでした。水耕栽培を始めた頃の最初の目標が、四季を通じて、できるだけ安価にレタスを食べられるようにすることだったからです。

　露地栽培でも水耕栽培でもレタスを栽培している人はたくさんいます。しかし、1年を通じて栽培している人はほとんどいないので、そこに挑戦しようと考えたのです。生で食べる野菜の中でも、キャベツなどと違って手軽に栽培できそうな感じもしました。

　そこから、園芸書籍などを参考にしない、独自の水耕栽培チャレンジが始まったのです。

　レタスを栽培するのに利用したのがB5サイズのトレイとザルで、今もこの栽培方法が続いています。このザルとトレイ一対の容器がレタスをつくる畑になります。そして、わたしが住む神奈川県では、レタス栽培に適した春や秋などの季節でなくても、この小さな畑が5〜6面あれば、いつでもレタスを収穫できることがわかりました。

　しかし、レタスは年間を通して栽培できるものではありません。

　最初の壁になったのは、冬の寒さでした。これは、簡易ビニールハウスの中に水を張ったバンジュウを置き、その中に観賞魚用のヒーターを入れるアイデアを思いつき、クリアすることができました。

　問題は夏です。

ご存知のように、夏は葉もの野菜をあまり見かけなくなります。レタスは特に高温を嫌う野菜であり、夏は涼しい高原で栽培され、都会の市場に出荷されています。

　夏の暑い時期にレタスをどう育てるかが、ひとつの課題になりました。もちろん、レタスが生長するのに適した 17 〜 20 度にエアコンの温度を設定して室内栽培すれば、夏のレタス栽培が可能になります。しかし、それでは、できるだけ安価にレタスを食べられるようにする、わたしの水耕栽培のコンセプトから大きく外れてしまいます。

　たくさんの失敗を経て至った結論は、気温が上がって暑くなる前にレタスを収穫できる状態まで育て、涼しくなるまで収穫するスタイルです。ストレスがかかる夏に種まきや定植をするのではなく、夏前にある程度の大きさにしておけばいいのです。チマサンチュなどの夏に強い種類を育てることも、ひとつの方法だということがわかりました。

失敗と改良

　こうして、水耕栽培を始めるにあたっての目標であった「いつでもレタス」が可能になったのですが、そのプロセスは、いつも順調という訳ではありませんでした。

　たとえば、せっかく食べ頃に育ったレタスの大半が虫害にやられ、撤収の憂き目にあったことがあります。これはけっこうなショックです。しかし、いつまでも落ち込んで入られません。そして、考案したのが「防虫ネットカプセル」。100 円グッズの超大型洗濯ネットとこれも 100 円グッズのランドリーバッグを使って物理的に虫を遮る方法で、この「防虫ネットカプセル」は実用新案を取得、著作権登録するに至っています。

　このように、失敗してもなんとか工夫して問題を解決していく、さらに、もともとの横着な性格から、できるだけかんたんで手間がかからない方法がないかを探す過程で、さまざまなアイデアが生まれました。

その最大のものがお茶パック栽培です。本書で取り上げているレタスやその他の葉もの野菜のほとんどが、お茶パックを利用しています。

　春先の園芸シーズンになると、園芸店や、ホームセンターでは、期待に胸を膨らませ、ニコニコ顔で野菜の苗を持ち帰る人をよく見かけます。しかし、果たして思い描いたとおりに野菜を育てることができているでしょうか？　畑にする庭のないマンションやアパート住まいの方だと、一般的な方法でこれらの苗を育てるためには、鉢や5〜10kgもする重い土や肥料を、幾つも用意する必要があります。栽培方法も複雑です。

　一方、お茶パックを使った水耕栽培層の重さは、わずか500g。栽培方法もごく単純。レタスなどほとんどの葉もの野菜は、ひとたび栽培層に定植してしまえば、あとは専用肥料を与え続けるだけで立派な野菜に育っていきます。

　このお茶パック栽培を思いついたのは、コーヒーカップのふちにかかった、一杯分ずつパックされたドリップコーヒーに、ポットからお湯が注ぎ込まれている新聞の全面広告の写真を見た時でした。

　このように、身近にあるもの、目にするものを工夫しながら水耕栽培に応用していくことも、「かんたん水耕栽培」の醍醐味なのです。

　わたしのこれまでの水耕栽培実験は、栽培に適した用土や培地探しの旅でもありました。最初使ったのはバーミキュライトで、それを使ってさまざまな野菜を作りました。

　バーミキュライトは水耕栽培用の培地として優れていますが、乾燥すると細かく舞い、室内栽培だと部屋の中に散らばる弊害があります。そのため、それに代わる培地はないかいろいろな培地を使って実験を重ねましたが、結局バーミキュライトを主に使いながらの水耕栽培が、2014年まで続いていました。

市町村によっては、家庭菜園で使う残土（バーミキュライトも含めて）をゴミ出しできないところもあります。燃えるゴミに出せるヤシ殻や、ミズゴケを混合した培地を使うようになったのはその影響もあります。そして、なんとか培地を使わない栽培ができないものか、いろいろと思案する日々が続きました。

　ある時、培地をなにも使わないで栽培したらどんなに楽だろうかという横着心が芽生え、お茶パックに培地をまったく入れないレタス栽培を実験することにしました。

　結果は驚くべきものでした。培地を使って栽培した時と同じようにレタスが生長し、大きく育ったのです。

　レタスをはじめとする葉もの野菜栽培は、用土も培地も必要なく、お茶パックと水切りネット、ダスターだけで栽培できることがわかったのです。

　これこそ、土をまったく使わない水耕栽培の誕生でした。

　わたしの水耕栽培実験もそろそろ終わりに近づいているのかなと感じることもあります。しかし、この本でご紹介した、軍艦巻き栽培や水位ゼロの自動給水ボトルなども、この3年ほどで考えついたものです。

　毎日採れる新鮮なレタスはいつもおいしいものです。今では、そこにさまざまな花蕾類や根菜類も加わっています。野菜が生長する過程を楽しみながら、育った野菜をいただいて健康になっていく。実は、この趣味には終わりがないのかもしれません。

横着じいさん　伊藤龍三

伊藤龍三

1940年、神奈川県横浜市生まれ。神奈川県横須賀市在住。
商業学校を卒業後、商事会社、喫茶店、大衆酒場などを経営。その後、東京湾内の作業船船長の職に従事。2004年に水耕栽培と出会い、栽培方法と実際の収穫をレポートするブログ「いつでもレタス」を開始。人気を博す。このブログとカルチャースクールでの水耕栽培の講師などを通じて、水耕栽培の楽しさ、すばらしさを伝えている。NHK総合の特別番組『家庭菜園の裏ワザ教えます』をはじめ、民放各局、地方局でのテレビ出演や、新聞、雑誌での取材多数。監修書に『庭より簡単！だれでもできる室内菜園のすすめ』(家の光協会)、『100円グッズで水耕菜園』(主婦の友社) などがある。

ブログ「いつでもレタス」

http://azcji.cocolog-nifty.com

スタッフ

装丁・デザイン	中村かおり (Monari Design)
企画・構成	山田雅久
イラスト	津嶋佐代子
校閲	小田ともか
編集担当	山村誠司

かんたん水耕栽培　決定版！

著者	伊藤龍三
編集人	池田直子
発行人	倉次辰男
発行所	株式会社 主婦と生活社
	〒104-8357 東京都中央区京橋3-5-7
電話	03-3563-7520 (編集部)
	03-3563-5121 (販売部)
	03-3563-5125 (生産部)
	http://www.shufu.co.jp/
印刷所	大日本印刷株式会社
製本所	小泉製本株式会社

ISBN978-4-391-15039-1